Quanteninformation

Grundriss

Vertiefungen

Anhang

Grundriss

1 WAS IST INFORMATION?

Der Begriff »Information« – der lateinische Wortstamm *informatio* bedeutet »Nachricht, Auskunft« – ist in unserem Alltagsleben allgegenwärtig und gehört, im Gegensatz zu vielen anderen Fachausdrücken der Physik, zum allgemeinen Wortschatz. In der heutigen »Informationsgesellschaft« werden tagtäglich riesige Datenmengen verschiedenster Art verarbeitet und vom jeweiligen Sender zum jeweiligen Empfänger übermittelt.

Ein zentrales Thema in der klassischen Informationstheorie ist das Lösen von mathematischen Problemen mittels Algorithmen (methodische Rechenverfahren); ein weiteres die sichere Übermittlung geheimer Daten (etwa Kreditkartennummern im Internet), d. h. die Verschlüsselung, Übertragung und Entschlüsselung einer so genannten »Nachricht«. Eine Nachricht ist eine Kette von so genannten »Buchstaben«, die wiederum aus einem »Alphabet« gewählt werden. Dies kommt Ihnen sicher selbstverständlich vor, denn Sie lesen ja gerade eine solche Folge von Buchstaben aus dem deutschen Alphabet. Die in der Botschaft enthaltene Information hängt dabei nicht von der Wahl des Alphabets ab: Es wäre beispielsweise denkbar, denselben Text (der daher auch denselben Informationsgehalt trägt) mit Hilfe von griechischen Buchstaben zu schreiben, also α statt a und β statt b und so fort. Die Wahl des Alphabets hängt natürlich von der Zielsetzung und von der geplanten Anwendung ab.

Die Verarbeitung, Speicherung und Übertragung von Information beruht heutzutage hauptsächlich auf dem Computer. Das Alphabet, das für die Anwendung mit dem Computer sinnvoll ist, und daher im Folgenden benutzt werden wird, ist das einfachste denkbare. Es besteht nur aus den zwei Zeichen 0 und 1. Ein solches *binäres* Alphabet lässt sich physikalisch einfach verwirklichen, z. B. durch eine hohe bzw. niedrige Spannung. Jedes andere Alphabet kann man durch eine einfache Vorschrift in das binäre Alphabet übersetzen: Jedem Buchstaben des Alphabets wird eine Zahl im Dezimalsystem zugeordnet, also dem ersten eine 1, dem zweiten eine 2 usw. Diese Zahl wird vom Dezimalsystem ins Binärsystem übersetzt – da man im Binärsystem nur die beiden Ziffern 0 und 1 zur Verfügung hat, zählt man dort wie folgt: auf »001« folgt »010«, darauf »011«, danach »100« und so fort. Der Buchstabe »D« ist beispielsweise der 4. Buchstabe in unserem Alphabet, und die »4« des Dezimalsystems wird im Binärsystem zu »100«. – Im Folgenden wird, wenn nicht anders angegeben, stets von binären Alphabeten die Rede sein.

Die Einheit der klassischen Information wird auch als »Bit« (Abkürzung für *binary digit*) bezeichnet: Hat man einen elementaren Informationsträger zur Verfügung, z.B. eine Kiste, die einen Ball enthält (entspricht 1) oder nicht (entspricht 0), so kann man damit ein Bit an Information übertragen. Sprachlich etwas ungenau wird oft keine Unterscheidung zwischen dem Informationsgehalt und dem Binärzeichen selbst (dem Träger der Information) gemacht, da beide als Bit bezeichnet werden.

Der Empfänger erhält die Information, indem er eine Messung am Informationsträger durchführt: im Fall der Kiste öffnet er sie und sieht nach, ob ein Ball darin ist (Ereignis »1«) oder nicht (Ereignis »0«). Das Auftreten der Ereignisse »0« bzw. »1« geschehe dabei mit den Wahrscheinlichkeiten p_0 bzw. p_1, wobei $p_0+p_1=1$. Man kann Information auch als Mangel an (Vor-)Wissen interpretieren: Ist z.B. $p_0=1$, so ist klar, dass in jedem Fall die Kiste leer ist. Man lernt also nichts dazu, wenn man sie öffnet. Ist das Unwissen maximal, d.h. $p_0=p_1=1/2$, so gewinnt man am meisten Information bei der Messung. Claude Shannon entwickelte die Theorie der mathematischen Quantifizierung des intuitiven Konzepts der Information und zeigte die Äquivalenz zwischen Information und Entropie.

1.1 Information ist physikalisch

Der Duden gibt folgende Definition für Information: »als räumliche oder zeitliche Folge physikalischer Signale, die mit bestimmten Wahrscheinlichkeiten oder Häufigkeiten auftreten, sich zusammensetzende Mitteilung, die beim Empfänger ein bestimmtes (Denk)verhalten bewirkt.« Wesentliche Beachtung verdient hier das Wort »physikalisch«. Information ist nicht nur ein abstrakter Begriff: Bei der Übertragung von Information erfolgt immer die Umsetzung einer Nachricht in ein physikalisches Medium. Beispielsweise benutzen Winnetou und Old Shatterhand u. a. optische Mittel (Rauch- oder Feuerzeichen) zur Informationsübertragung. Wenn man eine Nachricht spricht, so wird sie in akustische Wellen umgewandelt, die wiederum beim Zuhörer empfangen und über Ohr und Gehirn in ein Signal verwandelt und interpretiert werden. Bei der digitalen Informationsverarbeitung in einem Computer werden 0 und 1 durch eine hohe bzw. niedrige Spannung kodiert. Diese drei Beispiele betreffen drei wichtige Teilbereiche der Physik: Optik, Akustik und Elektrodynamik. Jede der beschriebenen Methoden hat Vor- und Nachteile, die durch die physikalische Implementation bedingt sind: z. B. ist die optische Informationsübertragung nur dann möglich, wenn kein Hindernis im Weg steht, die akustische nur dann, wenn nicht zu viel Hintergrundrauschen vorhanden ist.

Die bedeutsamste klassische Methode der Informationsverarbeitung ist sicherlich der Computer. Hier hat die Weiterentwicklung der Halbleitertechnologie zu immer kleineren Bauteilen und immer höheren Geschwindigkeiten geführt. In absehbarer Zeit wird man durch die Miniaturisierung der Bauteile an die Quantengrenze stoßen. Welche Neuerungen ergeben sich, wenn die Gesetze der Quantenphysik eine dominante Rolle bei der Informationsverarbeitung spielen?

Die weitreichenden Konsequenzen und vielfältigen neuen Möglichkeiten, die sich aus der Symbiose von klassischer Informationstheorie und Quantenphysik – der Quanteninformation – ergeben, werden erst seit den 90er Jahren des 20. Jahrhunderts intensiv erforscht. Da es sich um einen jungen Forschungsbereich handelt, der sich weiterhin rasant entwickelt, kann dieses Buch nur auf die grundlegenden Prinzipien der Quanteninformation eingehen und eine Momentaufnahme des derzeitigen Wissensstands liefern.

Bevor wir dazu kommen, jedoch zunächst eine Einführung in wichtige Konzepte der klassischen Informationstheorie.

1.2 Die Turingmaschine

Alan Turing entwickelte 1936 ein abstraktes Konzept eines Computers, die so genannte Turingmaschine. Sie kann alle Funktionen berechnen, die berechenbar sind. Die Elemente, aus denen sie besteht, sind die folgenden (siehe Abb. 1):

1. Eine endliche Menge von internen Zuständen der Maschine (einschließlich eines Anfangs- und eines Endzustands).
2. Ein unendlich langes Band, das in Segmente unterteilt ist, die »0« oder »1« oder »leer« enthalten. Der Startpunkt ist vorgegeben.
3. Ein Schreib- und Lesekopf, der jeweils auf ein Segment des Bandes zeigt.
4. Ein Programm aus endlich vielen Zeilen.

Eine Programmzeile gibt eine Vorschrift für einen gegebenen internen Zustand der Maschine und einen gegebenen Eintrag auf dem Band an. Diese Vorschrift besagt, ob der interne Zustand der Maschine geändert wird oder nicht, ob der Eintrag auf dem Band überschrieben wird oder nicht, und ob sich der Schreib- und Lesekopf danach einen Schritt nach rechts oder links bewegt.

Ein einfaches Beispiel für ein solches Programm ist das Auffinden der Parität einer gegebenen Folge von Nullen und Einsen. (Bei einer

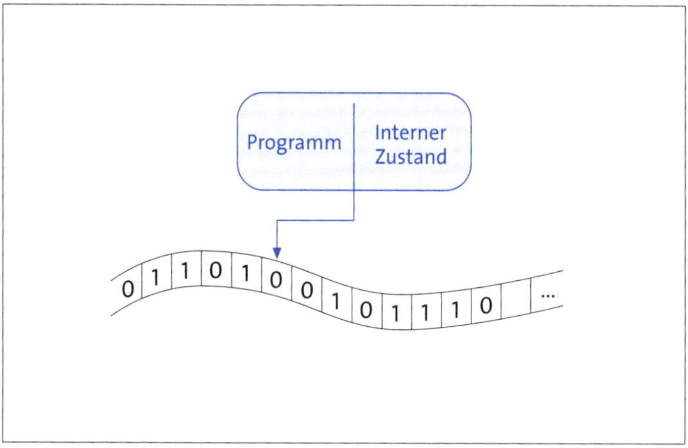

Abb. 1: Die Elemente einer Turingmaschine.

geraden Anzahl von Einsen spricht man von gerader, ansonsten von ungerader Parität.) Hierzu sei der interne Zustand der Maschine anfänglich 0. Der Lese- und Schreibkopf liest den jeweiligen Eintrag auf dem Band. Ist der Eintrag 1, so wird der interne Zustand der Maschine geändert, d. h. wenn er 0 war, wird er zu 1 und umgekehrt. Ist der Eintrag auf dem Band aber gleich 0, so bleibt der interne Zustand ungeändert. Danach rückt der Kopf einen Schritt nach rechts. Das Auftreten eines leeren Segments des Bandes bedeutet das Anhalten der Turingmaschine: Ist nun ihr interner Zustand 0, so hat die getestete Folge von Nullen und Einsen gerade, ansonsten ungerade Parität.

Über dieses abstrakte Konzept eines Computers kann die Komplexität von mathematischen Problemen definiert werden, wie im nächsten Kapitel erläutert. Das Modell der klassischen Turingmaschine kann ferner auf das Modell eines Computers erweitert werden, der auf quantenphysikalischen Prinzipien beruht – die Quanten-Turingmaschine.

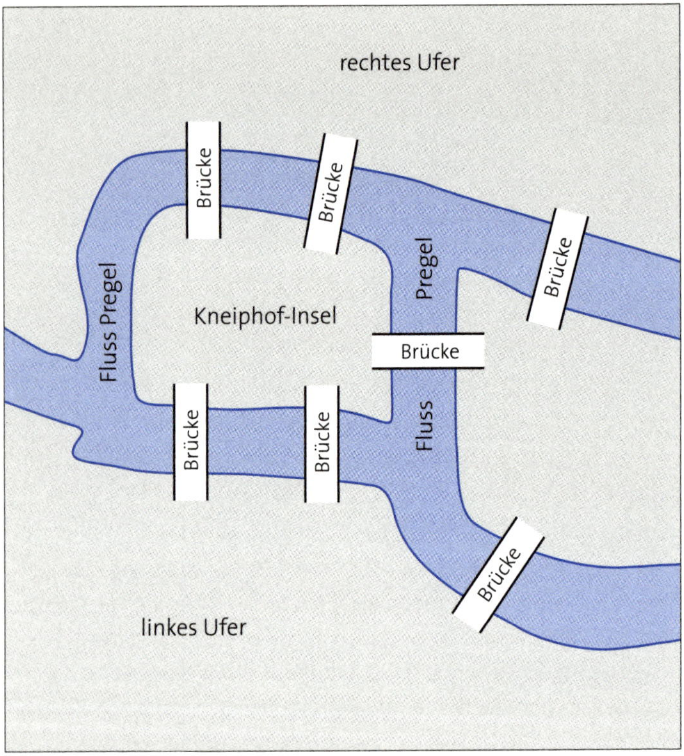

Abb. 2: Die Stadt Königsberg im Jahr 1736.

1.3 Über die Komplexität von Problemen

Wie schwierig ist es, ein gegebenes mathematisches Problem zu lösen? Mit dieser Fragestellung beschäftigt sich die Komplexitätstheorie. Sie klassifiziert Rechenprobleme danach, wie die von einer Turingmaschine benötigte Rechenzeit mit der »Größe« der betreffenden Aufgabe anwächst. Die Größe ist dabei z. B. die Zahl der Bits, die das Problem definieren.

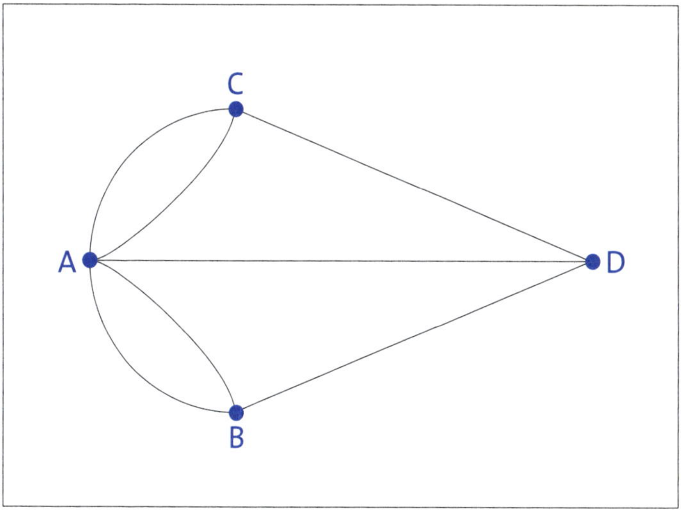

Abb. 3: Der Graph zum Königsberger Brückenproblem.

Sehen wir uns dazu Beispiele so genannter Entscheidungsprobleme an, d. h. Probleme, deren Antwort »ja« oder »nein« ist. Betrachten wir den Stadtplan von Königsberg in Abb. 2. In Königsberg war es zu Zeiten Eulers ein beliebtes Rätsel, ob es einen Rundgang durch die Stadt gibt, so dass man jede der sieben Brücken genau einmal überquert und zum Ausgangspunkt zurückkehrt – das so genannte Königsberger Brückenproblem.

Euler abstrahierte 1736 dieses Problem in einem Graphen, siehe Abb. 3, und begründete so die Graphentheorie. Das Festland und die Inseln sind hier als Punkte (so genannte Knoten) dargestellt und die Brücken als Verbindungslinien (Kanten). Euler bewies, dass ein Graph genau dann einen oben beschriebenen Rundgang (Euler'schen Kreis) enthält, wenn von jedem Knoten eine gerade Anzahl von Kanten ausgeht. In Königsberg gab es also keinen Euler-Kreis: das Königsberger Brückenproblem hat keine Lösung.

Durch diese mathematische Einsicht sind auch analoge Probleme mit sehr viel mehr Knoten und Kanten leicht zu lösen: Für jeden Knoten zählt man seine Kanten und stellt fest, ob diese Zahl gerade ist. Die Rechendauer für die Lösung des Problems »Euler-Kreis« wächst wie ein Polynom mit der Zahl N der Knoten, genauer gesagt wie N^2. Daher bezeichnet man es als zur Klasse P (für »*polynomial*«) gehörig. Die Probleme der Klasse P sind einfach zu lösen.

Sehen wir uns nun eine nur leicht veränderte Aufgabe an, die Frage nach dem so genannten Hamilton'schen Kreis: Enthält ein Graph einen geschlossenen Pfad, der jeden Knoten genau einmal berührt (abgesehen von dem ersten Knoten, der ja am Ende des Rundgangs wieder erreicht wird)? Für den Königsberger Graph ist diese Frage einfach mit »Ja« zu beantworten. Obwohl diese Fragestellung derjenigen nach dem Euler-Kreis verblüffend ähnlich sieht, kennt man für den Hamilton-Kreis jedoch bis heute keine einfache, d. h. polynomiale Lösungsvorschrift. Das Problem Hamilton-Kreis liegt nicht in der Komplexitätsklasse P, sondern in der so genannten Klasse NP. Dies sind schwierig zu lösende Probleme, da die Rechendauer, die eine Turingmaschine benötigt, *exponentiell* mit der Größe des Problems anwächst.

Der Hamilton-Kreis gehört sogar zu den schwierigsten der NP-Probleme, nämlich zu den so genannten NP-schweren oder NP-vollständigen Problemen. Auf diese lassen sich *alle* anderen NP-Probleme zurückführen. Hätte man also eine neue Lösung eines NP-vollständigen Problems gefunden, die nur polynomiale Komplexität hat, so hätte man damit $P = NP$ gezeigt. Die Frage $P \stackrel{?}{=} NP$ ist eine der wichtigsten offenen Fragen der klassischen Informationstheorie.

Zu den NP-vollständigen Problemen gehört auch das bekannte Problem des Handelsreisenden: Dieser muss N auf einer Karte vorge-

Abb. 4: Die optimale Lösung des Handelsreisenden-Problems für 15 112 Städte in Deutschland, nach Applegate, Bixby, Chvátal und Cook.

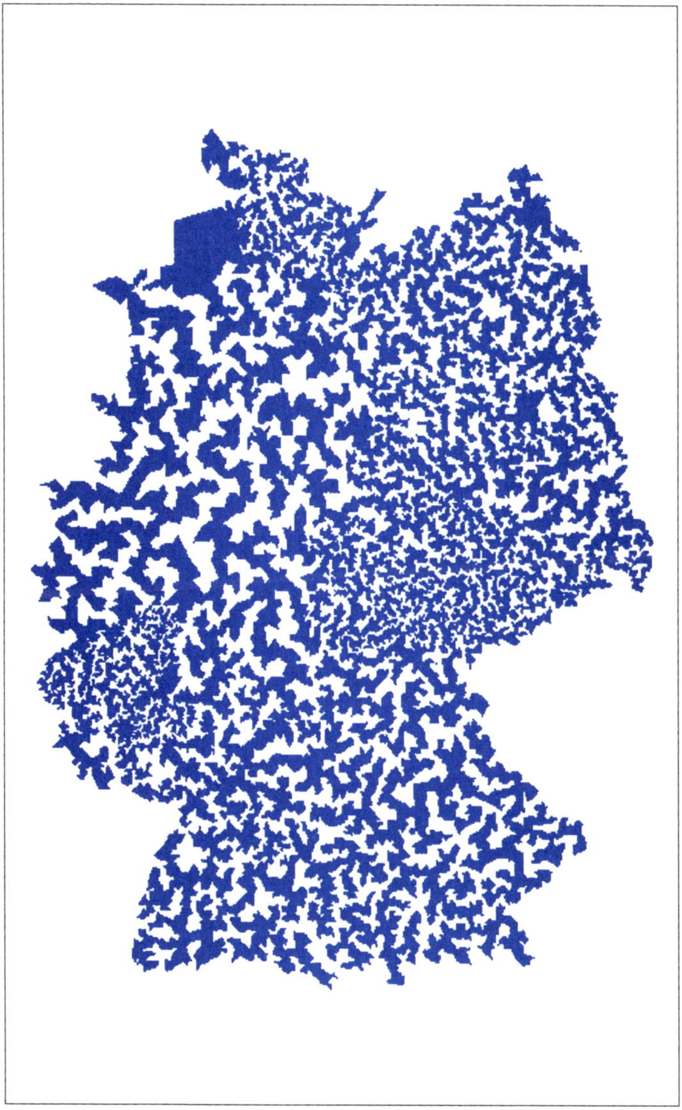

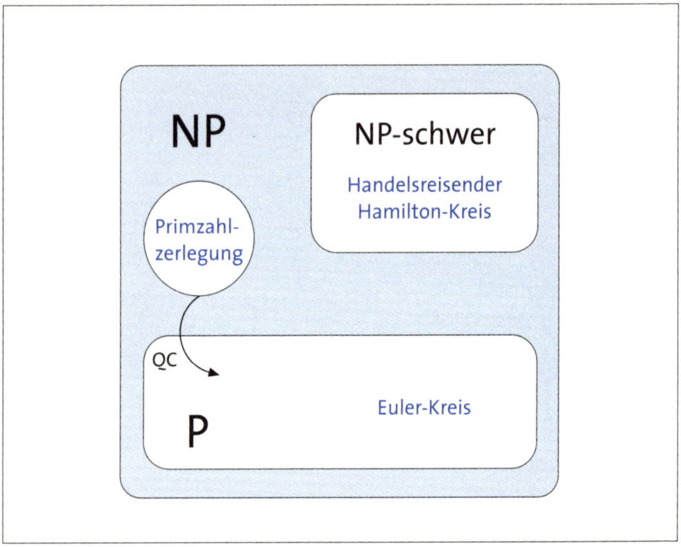

Abb. 5: Komplexitätsklassen

gebene Städte je einmal besuchen. Die Frage lautet: Gibt es eine Route, die kürzer als eine festgelegte Distanz x ist? Die Aufgabe, die kürzeste Rundreise zu finden, spielt für etliche Anwendungen im Alltag eine bedeutende Rolle – außer für die Fahrtroutenoptimierung auch z. B. bei der Lagerhaltung, bei der Leiterplattenfertigung in der Elektrotechnik oder bei Verdrahtungsproblemen in Computersystemen.

In Abb. 4 ist die kürzeste Route zwischen 15 112 Städten angegeben – im Jahr 2001 wurde bewiesen, dass dies die optimale Lösung ist. Da sich auf der kürzesten Route der Weg nicht selbst kreuzen darf (zwei sich kreuzende Strecken könnte man durch zwei sich nicht kreuzende ersetzen und auf diese Weise den Weg verkürzen), kann die Fläche der Bundesrepublik in eine »Innenseite« und eine »Außenseite« der Route eingefärbt werden, wie in Abb. 4.

Schließlich ist noch das wichtige Problem der Primzahlzerlegung zu nennen: Gegeben sei eine Zahl mit N Ziffern; was sind ihre Primzahlfaktoren? Das beste bekannte klassische Lösungsverfahren wächst exponentiell mit N, und daher liegt dieses Problem in NP. Ein sehr bedeutsames Resultat aus der Quanteninformation ist ein polynomiales Lösungsverfahren, der Shor-Algorithmus (siehe Kapitel 6.2). Allerdings ist die Primzahlzerlegung nicht NP-vollständig. Daher ist auch für die Quanteninformationstheorie die Frage $P \stackrel{?}{=} NP$ weiter ungelöst. In Abb. 5 ist eine Darstellung der Komplexitätsklassen mit Beispielen zu finden.

2 GRUNDLAGEN DER QUANTENTHEORIE

2.1 Quantenzustände

Jedes physikalische Objekt gehorcht den Gesetzen der Quantenmechanik. Die Entdeckung dieser Gesetzmäßigkeiten in den 20er und 30er Jahren des 20. Jahrhunderts, im Wesentlichen durch Bohr, Born, Dirac, Einstein, Heisenberg, Pauli und Schrödinger, hat auch unser Alltagsleben revolutioniert: Ohne Quantenphysik gäbe es keinen Laser, keinen CD-Spieler und keinen Kernspintomograph – und ohne Halbleiterelemente keinen Computer. Hier werden wir vor allem auf diejenigen Themen und Begriffe der Quantentheorie eingehen, die im Zusammenhang mit Quanteninformation wichtig sind.

Die Grundgleichung der nichtrelativistischen Quantentheorie ist die Schrödingergleichung. Ihre Lösung beschreibt den Zustand eines Quantenobjekts, beispielsweise eines Photons (d. h. des Energiequants des Lichts) oder Elektrons, und wird als Wellenfunktion ψ bezeichnet. Dirac führte 1958 die abstrakte Schreibweise $|\psi\rangle$ für einen Quantenzustand ein. Dabei wird $|...\rangle$ als »ket« bezeichnet und kann als Spaltenvektor verstanden werden. (Das Symbol für einen

Zeilenvektor ist ⟨…| und wird »bra« genannt. Das Skalarprodukt der beiden ist ⟨…|…⟩ oder »bra-ket« von engl. *bracket* = Klammer.) Diese Notation für Quantenzustände ist in der Quantenmechanik gebräuchlich und praktisch – »$|\psi\rangle$« ist also einfach als ein Symbol für die quantenmechanische Wellenfunktion ψ aufzufassen, und $\langle\psi_1|\psi_2\rangle$ als das Skalarprodukt zweier Wellenfunktionen ψ_1 und ψ_2.

Die Wellenfunktion beschreibt den Zustand eines Quantensystems vollständig und enthält daher im Allgemeinen Informationen über den Ort des Teilchens, seine Energie, seinen Spin (d. h. Eigendrehimpuls) usw. Im Zusammenhang mit Konzepten der Quanteninformation ist oft nur ein bestimmter Teil der Wellenfunktion, beispielsweise die Richtung des Spins, relevant. Dann schreiben wir den Rest der Wellenfunktion, beispielsweise den Ortsanteil, der Einfachheit halber nicht explizit mit.

Tatsächlich ist die Vorstellung von der Wellenfunktion als einem Vektor (d. h. einem Pfeil mit einer bestimmten Richtung und einer bestimmten Länge) sehr hilfreich: Zwei verschiedene Wellenfunktionen heißen »orthogonal« zueinander, wenn das Skalarprodukt ihrer Vektoren gleich null ist. (Das Skalarprodukt zweier Vektoren ist ja gleich dem Produkt der Längen der beiden Vektoren mal dem Cosinus des eingeschlossenen Winkels und verschwindet daher, wenn der Winkel 90 Grad ist.) Was die Orthogonalität zweier Wellenfunktionen bedeutet, kann man besonders einleuchtend am Beispiel des »Zustandsvektors« von polarisierten Photonen, den Energiequanten des Lichts, verstehen: Linear polarisiert sind Photonen, wenn ihr elektromagnetisches Feld in einer bestimmten festen Richtung schwingt. Diese Schwingungsrichtung wird auch »Polarisationsvektor« genannt und ist immer orthogonal auf der Ausbreitungsrichtung des Photons. Breitet sich ein Photon in y-Richtung aus, steht der Polarisationsvektor also senkrecht zur y-Achse. Wir können ein in z-Richtung polarisiertes Photon durch den Zustand $|\updownarrow\rangle$ symbolisieren und ein in x-Richtung polarisiertes Photon durch $|\leftrightarrow\rangle$, siehe

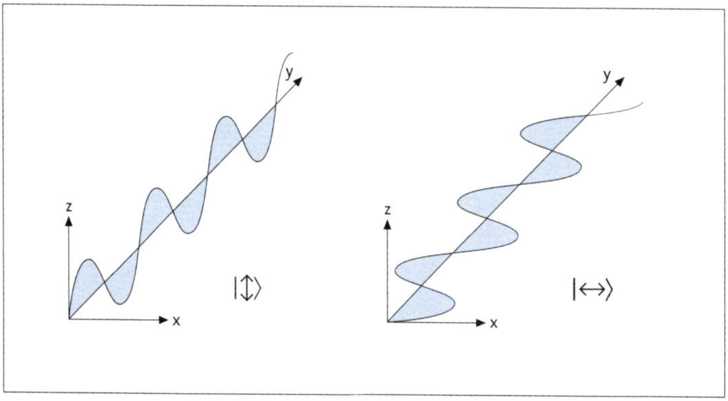

Abb. 6: In z- bzw. x-Richtung polarisiertes Photon.

Abb. 6. Diese beiden Schwingungsrichtungen sind senkrecht aufeinander, und das Skalarprodukt $\langle \updownarrow | \leftrightarrow \rangle$ ist gleich null.

Die Schrödingergleichung beschreibt auch die zeitliche Entwicklung eines Quantenzustands: Die Wellenfunktion eines Teilchens am Ort x zur Zeit t wird als $|\psi(x,t)\rangle$ bezeichnet. Die Wellenfunktion wird folgendermaßen interpretiert: Ein quantenmechanisches Teilchen ist gewissermaßen im Raum »verschmiert«. Das Absolutquadrat der Wellenfunktion ist dabei gleich der Wahrscheinlichkeit, das Teilchen zur Zeit t am Ort x zu finden. Integriert man diese Wahrscheinlichkeit über den gesamten Raum, muss sie 1 ergeben. Dies führt zur Normierung der Wellenfunktion: der Vektor $|\psi\rangle$ hat die Länge 1, und daher gilt $\langle\psi|\psi\rangle = 1$.

Die Lösungen der Schrödingergleichung haben eine wichtige Eigenschaft: Zwei Wellenfunktionen, die anfangs orthogonal waren, werden dies auch im Laufe der Zeit immer bleiben. Es gilt allgemeiner: Der Winkel φ zwischen zwei Wellenfunktionen – definiert durch ihr Skalarprodukt $\langle\psi_1|\psi_2\rangle = \cos\varphi$ – ist zeitunabhängig. Dies ist eine Folge der Struktur der Schrödingergleichung und legt somit die Art der Operationen, die man mit einem Quantencomputer durchführen kann, fest. Diese winkelerhaltenden Zeitentwicklungen heißen in mathematischer Sprache auch unitär und werden durch das Symbol U bezeichnet. Man kann sich die Zeitentwicklung als Drehung der Zustandsvektoren vorstellen. Die Drehung eines Vektors kann man einfach rückgängig machen, indem man ihn zurückdreht: unitäre Zeitentwicklungen sind umkehrbar oder reversibel. Auch Operationen eines Quantencomputers müssen daher reversibel sein.

Kehren wir noch einmal zum polarisierten Photon zurück. Wie beschreibt man den Zustandsvektor eines Photons, das weder in x-, noch in z-Richtung polarisiert ist, sondern dessen Polarisationsvektor in eine andere Richtung zeigt?

2.2 Superpositionen

Zeigt der Polarisationsvektor eines Photons weder in die x- noch in die z-Richtung, sondern in eine andere Richtung, so kann man ihn immer als eine Summe eines Vektors in x- und eines Vektors in z-Richtung auffassen, wobei die Koeffizienten sich aus dem Winkel φ zwischen der tatsächlichen Richtung und der z-Richtung ergeben. Dies versteht man leicht in Abb. 7. Es gilt also:

$$|\swarrow\!\!\!\nearrow\rangle = \cos\varphi\,|\updownarrow\rangle + \sin\varphi\,|\leftrightarrow\rangle\,. \tag{1}$$

Da sich *jeder* Polarisationsvektor in eine Summe aus $|\updownarrow\rangle$ und $|\leftrightarrow\rangle$ zerlegen lässt, bilden diese beiden Zustände eine so genannte *Basis*. Die Festlegung dieser orthogonalen Basis war natürlich völlig willkürlich: genauso hätte man $|\swarrow\!\!\!\nearrow\rangle$ und $|\nwarrow\!\!\!\searrow\rangle$ als Basis wählen können und jeden Polarisationsvektor in dieser anderen Basis (dann mit entsprechend anderen Koeffizienten) ausdrücken können. Ein Quantensystem, das nur zwei orthogonale Basisvektoren besitzt, nennt man auch *Zweizustandssystem*. Hat man sich einmal auf die Basis festgelegt, so bezeichnet man die orthogonalen Basisvektoren meist einfach als $|0\rangle$ und $|1\rangle$.

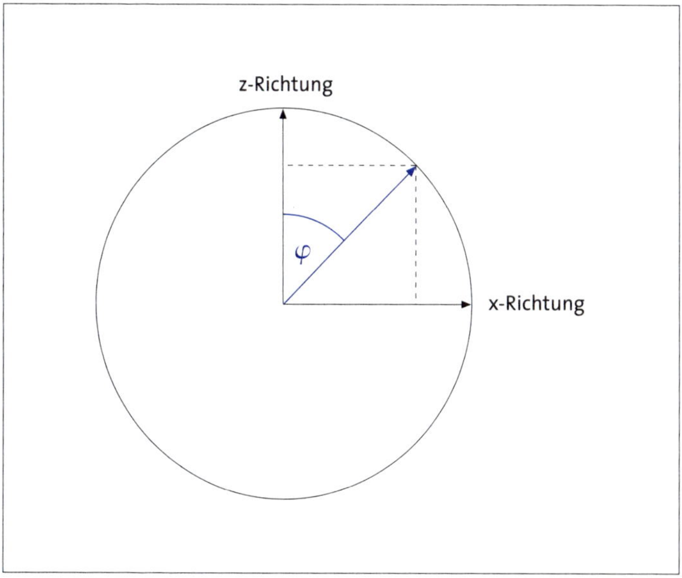

Abb. 7: Zerlegung des Polarisationsvektors in einen Anteil in x-Richtung und einen Anteil in z-Richtung.

Wie misst man einen Quantenzustand wie in Gleichung (1)? Lässt man ein in beliebige Richtung (mit dem Winkel φ zur z-Richtung) polarisiertes Photon durch einen vertikal orientierten Polarisationsfilter fliegen, so gelangt nur der in vertikale Richtung polarisierte Anteil $|\updownarrow\rangle$ hindurch. Die Länge des Vektors, der diesen Anteil beschreibt, ist $\cos\varphi$. Die Wahrscheinlichkeit, das Photon in diesem Zustand zu finden, ist durch das Absolutquadrat $\cos^2\varphi$ gegeben. Entsprechend ist die Wahrscheinlichkeit, das Photon hinter einem horizontal orientierten Polarisationsfilter zu finden, gleich $\sin^2\varphi$. Wenn man den Polarisationsfilter entweder vertikal oder horizontal orientiert, spricht man von einer *Messung in der* $\{|\updownarrow\rangle, |\leftrightarrow\rangle\}$*-Basis*. Bei einer Messung in einer anderen Basis findet man entsprechend andere Ergebnisse.

Am Beispiel des polarisierten Photons wird auch deutlich, dass eine Messung den Zustand ändert: Ist der Polarisationsfilter vertikal orientiert, so ist danach das Photon im Zustand $|\updownarrow\rangle$; ist er horizontal orientiert, im Zustand $|\leftrightarrow\rangle$. Der ursprüngliche Zustand ist nicht mehr vorhanden.

In Gleichung 1 steht bereits implizit eine sehr wichtige Eigenschaft der Quantenmechanik: kennen wir zwei Lösungen der Schrödingergleichung, so ist auch jede Summe von diesen wiederum eine Lösung der Schrödingergleichung. Dies ist das so genannte Superpositionsprinzip. Überlagerungen von Zustandsvektoren wie in Gleichung (1) heißen Superpositionen.

Die allgemeine Form einer quantenmechanischen Superposition lautet

$$|\psi\rangle = a\,|0\rangle + b|1\rangle \ , \qquad (2)$$

wobei a und b nun *komplexe* Zahlen sind. (Gleichung (1) ist ein Spezialfall von (2) mit reellen Koeffizienten.) Die Koeffizienten a und b werden auch als Amplituden bezeichnet. Man interpretiert sie wieder wie folgt: Macht man eine Messung in der Basis $|0\rangle$ und $|1\rangle$, so findet man mit der Wahrscheinlichkeit $|a|^2$ das Ergebnis $|0\rangle$, und mit der Wahrscheinlichkeit $|b|^2$ das Ergebnis $|1\rangle$. Da die Gesamtwahrscheinlichkeit gleich 1 sein muss, gilt die Normierung $|a|^2 + |b|^2 = 1$.

Fundamental für die Quanteninformation ist die Tatsache, dass man zwei nicht-orthogonale Zustände nicht zweifelsfrei voneinander unterscheiden kann. Selbst der gegenüber $|0\rangle$ gedrehte Zustand in (2) wird bei einer Messung mit gewisser Wahrscheinlichkeit als $|0\rangle$ interpretiert.

Ein weiteres wichtiges Beispiel für ein *Zweizustandssystem* ist der Spin des Elektrons. Der Spin ist eine Art Eigendrehimpuls und eine rein quantenphysikalische Größe. Obwohl das Elektron keine innere Struktur hat, trägt es einen Spin. Dieser kann entweder »nach oben«, symbolisiert durch $|0\rangle$, oder »nach unten«, symbolisiert durch $|1\rangle$, orientiert sein, oder wiederum in einer Superposition wie in (2) sein. Der Spin des Elektrons wurde im Stern-Gerlach-Versuch nachgewiesen. Im Stern-Gerlach-Apparat fliegt das Elektron durch ein inhomogenes Magnetfeld, das in vertikaler Richtung orientiert ist. Ein Elektron wird entweder nach oben oder nach unten abgelenkt und dann auf einem Schirm nachgewiesen. Die Wahrscheinlichkeit für das Auftreffen an einem der beiden möglichen Orte ist wieder durch $|a|^2$ bzw. $|b|^2$ gegeben. Der Stern-Gerlach-Apparat ist ein wichtiges Beispiel für die Messung eines Quantenzustands.

Die beschriebene Wahrscheinlichkeitsinterpretation des Quantenzustands wird oft auch als Indeterminismus der Quantentheorie bezeichnet. Dabei ist der Zustand selbst keineswegs unbestimmt, sondern als Lösung der Schrödingergleichung gegeben. Allerdings ist es unmöglich, ihn mit einer einzigen Messung zu bestimmen, da man bei einer Messung eines einzelnen Quantenzustands eben entweder das Ergebnis $|0\rangle$ oder das Ergebnis $|1\rangle$ findet. Erst bei vielen Messungen an identischen Quantenzuständen lernt man die Gestalt von (2) aus den entsprechenden Wahrscheinlichkeiten.

Wie interpretiert man eine Superposition? Das durch Gleichung (2) beschriebene Quantensystem ist *nicht* entweder $|0\rangle$ oder $|1\rangle$, sondern es ist *gleichzeitig* in $|0\rangle$ und $|1\rangle$. Dies ist in der Quanteninformation von eminenter Bedeutung, wie wir in Kapitel 3.1 sehen werden.

Abbildung 8 zeigt den Versuch, das Prinzip der Superposition zu veranschaulichen: Das Porträt der Mona Lisa wirkt gleichzeitig traurig und glücklich. Lässt man entsprechende Elemente des Bildes weg, so erhält man entweder einen traurigen oder einen glücklichen Eindruck. Das vollständige Bild vermittelt aber beides, wobei verschiedenen Betrachtern der eine oder der andere Aspekt ausgeprägter zu sein scheint.

Abb. 8: Mona Lisa als Superposition aus »traurig« und »glücklich«.

2.3 Verschränkung

Superposition und Verschränkung sind die zentralen Konzepte der Quantentheorie, die es ermöglichen, dass ein Quantencomputer manche Aufgaben wesentlich schneller lösen kann als ein klassischer. Was versteht man unter Verschränkung?

Verschränkung ist eine Eigenschaft von aus Teilsystemen zusammengesetzten Quantensystemen, die rein quantenphysikalischer Natur ist. Hat man zwei Quantenteilchen, z. B. zwei polarisierte Photonen, so kann jedes der beiden in einem seiner Basiszustände $|0\rangle$ oder $|1\rangle$ sein. Wenn das erste Photon im Zustand $|0\rangle$ und das zweite im Zustand $|0\rangle$ ist, schreibt man den Gesamtzustand als

$$|\psi_{ges}\rangle = |0\rangle_1 \otimes |1\rangle_2 \ . \qquad (3)$$

Das Symbol $\otimes$ wird Tensorprodukt genannt, da das Ergebnis der Multiplikation (es werden die Zustände zweier *verschiedener* Quantenteilchen multipliziert) ein Tensor ist – im Gegensatz zum Skalarprodukt, dessen Ergebnis ein Skalar ist. Man braucht sich durch dieses Symbol aber nicht beeindrucken zu lassen. Im Folgenden werden wir das Symbol $\otimes$ der Einfachheit halber meist weglassen und die äquivalenten Schreibweisen

$$|\psi_{ges}\rangle = |0\rangle_1 |1\rangle_2 = |0\rangle |1\rangle = |01\rangle \ . \qquad (4)$$

in völlig gleicher Bedeutung wie (3) verwenden. Die Indizes 1 bzw. 2 für das erste bzw. zweite Photon lassen wir also auch meist weg.

Eine Basis des Gesamtsystems der zwei Photonen ist gegeben durch die vier Möglichkeiten $\{|00\rangle, |01\rangle, |10\rangle, |11\rangle\}$. Wiederum ist aber auch jede Überlagerung dieser Basiszustände möglich, d. h. ein allgemeiner Zwei-Teilchen-Zustand ist die Superposition

$$|\psi\rangle = \alpha|00\rangle + \beta|01\rangle + \gamma|10\rangle + \delta|11\rangle \ , \qquad (5)$$

wobei das Absolutquadrat der Koeffizienten α, β, γ bzw. δ wieder die Wahrscheinlichkeit angibt, das Gesamtsytem in dem entsprechenden Basiszustand zu finden. Auch hier ist die Gesamtwahrscheinlichkeit gleich eins, d. h. es gilt die Normierung $|\alpha|^2 + |\beta|^2 + |\gamma|^2 + |\delta|^2 = 1$.

Ein spezielles Beispiel für eine solche Superposition ist der Zustand

$$|\psi_p\rangle = ac\,|00\rangle + ad\,|01\rangle + bc\,|10\rangle + bd\,|11\rangle\,. \qquad (6)$$

Man kann sich leicht selbst durch Ausmultiplizieren davon überzeugen, dass er auch als

$$|\psi_p\rangle = (a|0\rangle + b|1\rangle)\;(c|0\rangle + d|1\rangle) \qquad (7)$$

geschrieben werden kann.

Einen Zustand wie in Gleichung (7) nennt man *Produktzustand*, da er ein Produkt zweier unabhängiger Zustände der beiden Teilsysteme ist. Zum Beispiel kann man sich wieder zwei Photonen vorstellen, wobei das erste in *z*-Richtung und das zweite in *x*-Richtung polarisiert ist. Nennen wir ein in *z*-Richtung polarisiertes Photon $|0\rangle$ und ein in *x*-Richtung polarisiertes $|1\rangle$, so ist der Gesamtzustand einfach der schon oben erwähnte Zustand $|\psi_{ges}\rangle = |0\rangle|1\rangle$, ebenfalls ein Produktzustand. Wird nur das erste Photon durch einen Polarisationsfilter geschickt, ändert sich dadurch offensichtlich nichts am Zustand des zweiten. Ganz allgemein gilt für Produktzustände: Wenn man eine Messung am ersten Teilchen macht, ist das zweite davon unbeeinflusst.

Hier nun ein weiteres Beispiel für einen Zustand zweier Quantenteilchen:

$$|\psi^-\rangle = \sqrt{\tfrac{1}{2}}\,(|0\rangle_1 |1\rangle_2 - |1\rangle_1 |0\rangle_2)\,. \qquad (8)$$

Man kann versuchen, diesen Zustand als Produktzustand der beiden Teilsysteme wie in Gleichung (7) zu schreiben. Doch es wird nicht gelingen; denn falls $ac = 0$ ist, ist auch $ad = 0$ oder $bc = 0$. Einen Zustand, der *nicht* als Produktzustand geschrieben werden kann, nennt man *verschränkt*. Der Zustand in Gleichung (8) ist ein Paradebeispiel für einen verschränkten Zustand; er wird Bell-Zustand genannt. Es besteht eine Korrelation zwischen den Teilsystemen: Wenn man das eine Teilsystem misst, so wird das andere beeinflusst. Dies versteht man, indem man Gleichung (8) betrachtet: Misst man das erste Teilchen in der $\{|0\rangle, |1\rangle\}$-Basis, so findet man mit Wahrscheinlichkeit 1/2 das Ergebnis $|0\rangle$. Nach dieser Messung ist dann das erste Teilchen im Zustand $|0\rangle$, und daher das zweite im Zustand $|1\rangle$. Falls man aber für Teilchen 1 das Ergebnis $|1\rangle$ gefunden hatte, ist Teilchen 2 nach der Messung im Zustand $|0\rangle$.

Der Bell-Zustand in Gleichung (8) hat eine Eigenschaft, die in der Quanteninformation genutzt wird: Wählt man für beide Teilsysteme jeweils dieselbe neue Basis und schreibt den Zustand in diesen neuen Basen auf, so behält er genau die gleiche Form.

Eben haben wir die mathematische Definition eines verschränkten Zustands kennen gelernt. Was für physikalische Konsequenzen hat aber Verschränkung, und wie kann man sie anschaulich erklären? Unter Verschränkung versteht man Korrelationen, die rein quantenmechanischer Natur sind. Klassische Korrelationen lassen sich leicht erklären: Nehmen wir an, dass in einer Schublade ein Paar Handschuhe liegt. Man steckt morgens einen davon in die Tasche, ohne hinzusehen, ob es der rechte oder der linke ist. Wenn man mittags im Büro nachsieht und feststellt, dass man den rechten Handschuh mitgenommen hat, dann weiß man sofort, dass zu Hause, einige Kilometer entfernt, der linke liegen muss. Dies ist ein Beispiel für eine klassische Korrelation, denn zu jedem rechten Handschuh gehört ein linker. Niemand wird sich darüber wundern, dass man plötzlich weiß, ohne in der weit entfernten Schublade nachzusehen, dass dort ein linker Handschuh liegt.

Wie sieht eine Korrelation in der Quantenphysik aus? Nehmen wir an, dass ein Paar »Quantenhandschuhe«, oder besser ein quantenmechanisch korreliertes Photonenpaar, in dem Zustand ist, der durch Gleichung (8) beschrieben wird. Wieder nimmt man ein Photon davon mit (lassen wir einmal außer Acht, dass die Speicherung von Photonen kompliziert ist). Im Büro macht man eine Messung am mitgenommenen Photon. Man wird mit gleicher Wahrscheinlichkeit das Resultat $|0\rangle$ oder das Resultat $|1\rangle$ finden, wie man aus Gleichung (8) erkennt. Falls man $|0\rangle$ gefunden hat, ist man sicher, dass das zweite, zu Hause gebliebene Photon im Zustand $|1\rangle$ ist, und umgekehrt. Was ist der Unterschied zur klassischen Korrelation? Dort war die ganze Zeit der linke Handschuh zu Hause, und der rechte in der Tasche. Bei der Quantenkorrelation hat aber zunächst *keines* der beiden Photonen einen definierten Zustand. Erst durch die Messung in einer bestimmten Basis gelangt das gemessene Photon zufällig in einen von zwei möglichen Zuständen. Instantan ist dann das andere Photon im dazu orthogonalen Zustand. (Wegen der Invarianz des obigen Bell-Zustands unter Basisrotationen ist die Wahl der Basis für die Messung irrelevant.) Das beschriebene Szenario ist im Wesentlichen das berühmte Gedankenexperiment von Einstein, Podolsky und Rosen.

Wäre die Nutzung mehrerer korrelierter Photonenpaare nicht eine phantastische Möglichkeit, eine Nachricht nach Hause zu schicken? Sie würde im selben Augenblick der Messung ankommen, also mit Überlichtgeschwindigkeit reisen. Aber bei jeder Messung erhält man *zufällig* entweder $|0\rangle$ oder $|1\rangle$, und das Photon zu Hause ist dann das entsprechende Gegenstück dazu. Auf diese Weise kann man zwar eine Zufallsfolge von Nullen und Einsen senden, nicht aber Information übertragen. Quantenmechanik und Relativitätstheorie stehen im Einklang miteinander.

Es gibt verschränkte Zustände mit stärkeren oder schwächeren Korrelationen. Der Bell-Zustand in Gleichung (8) ist *maximal* verschränkt; d. h. es existiert kein Zustand aus zwei polarisierten Photonen, der mehr Verschränkung enthält. Allerdings gibt es drei weitere

Bell-Zustände, die ebenfalls maximal verschränkt sind; dazu mehr in Kapitel 4.1.

Eine wesentliche Eigenschaft eines verschränkten Zustands ist die folgende: Kennt man nur den Zustand des einen Teilsystems sowie den Zustand des anderen Teilsystems, so ist damit der Gesamtzustand noch nicht eindeutig bestimmt: Das Ganze ist mehr als die Summe der Teile.

Man kann auch mehr als zwei Quantensysteme miteinander verschränken. Hat man drei polarisierte Photonen zur Verfügung, kann man z. B. einen so genannten *GHZ-Zustand* präparieren, benannt nach D. Greenberger, M. Horne und A. Zeilinger. In diesem Zustand sind alle drei Teilchen quantenmechanisch miteinander korreliert. Er hat die Gestalt

$$|\psi_{GHZ}\rangle = \sqrt{\tfrac{1}{2}}\,(|000\rangle + |111\rangle)\ . \qquad (9)$$

Falls man eines der drei Teilchen verliert, so sind die restlichen zwei allerdings nicht verschränkt. Ganz anders bei dem so genannten W-Zustand, der auch aus drei Teilsystemen besteht:

$$|\psi_W\rangle = \sqrt{\tfrac{1}{3}}\,(|100\rangle + |010\rangle + |001\rangle)\ . \qquad (10)$$

Wenn man hier eines der Teilsysteme verliert, sind die restlichen beiden immer noch verschränkt. Generell gilt: Aus je mehr Teilsystemen das Gesamtsystem besteht, desto mehr Möglichkeiten der unterschiedlichen Verschränkungsarten gibt es.

Im Allgemeinen ist aber die **Verschränkungstheorie** für Systeme aus mehr als zwei Teilchen oder für höherdimensionale Systeme – ein Dreizustandssystem hat z. B. die Basiszustände $|0\rangle$, $|1\rangle$ und $|2\rangle$ – nicht vollständig verstanden und Gegenstand aktueller Forschung. S. 100

Heutzutage ist es fast experimentelle Routine, verschränkte Photonpaare zu erzeugen. Man verwendet einen Kristall, in dem Photonen einer gegebenen Frequenz (im UV-Bereich) durch inelastische Streuung in zwei Photonen der halben Frequenz umgewandelt werden – diesen Effekt nennt man »parametrische Fluoreszenz«. Für eine bestimmte Wahl des Winkels zwischen dem auftreffenden Strahl und der optischen Achse werden die Photonen entlang Kegeln mit unterschiedlichen Achsen ausgesendet, siehe Abb. 9. Die Polarisation im einen Kegel ist horizontal, im anderen vertikal. In den Strahlrichtungen der Schnittpunkte der beiden Kegel überlagern sich die beiden Polarisationsrichtungen. Dort findet man ein verschränktes Photonenpaar. Mit ähnlichen Methoden gelang es Anton Zeilinger und Mitarbeitern an der Universität Innsbruck, sowie Harald Weinfurter und Mitarbeitern an der Universität München, sogar drei oder vier Photonen miteinander zu verschränken.

Auch in weiteren physikalischen Systemen ist es schon experimentell gelungen, Verschränkung zu erzeugen: so verschränkten D. Wineland und Mitarbeiter vom NIST in Boulder, USA, im Jahr 2001 bis zu vier Ionen in einer Falle, siehe dazu auch Kapitel 7.2. Schon 1997 gelang es S. Haroche und Mitarbeitern von der ENS Paris, zwei Atome mit Hilfe eines optischen Resonators zu verschränken.

Solche verschränkten Zustände sind aber äußerst fragil: jede Wechselwirkung mit der Umgebung zerstört die Verschränkung. Aus einer kohärenten Superposition wie in Gleichung (8) wird durch die
S. 90 so genannte **Dekohärenz** schnell ein unverschränkter Zustand.

2.4 Bell'sche Ungleichungen

Die im vorigen Kapitel erläuterten Eigenschaften von zwei verschränkten Quantenteilchen erscheinen einem recht seltsam: Wie sollte die Messung eines der beiden räumlich voneinander entfernten Photonen das andere beeinflussen können? Wie ist es zu verstehen, dass der Zustand eines Teilsystems erst nach einer Messung genau festgelegt ist, aber vorher aus einer Summe von Möglichkeiten besteht? Vielleicht gibt es einfach noch zusätzliche, dem Beobachter nicht zugängliche Messgrößen für jedes Teilchen, so genannte »loka-

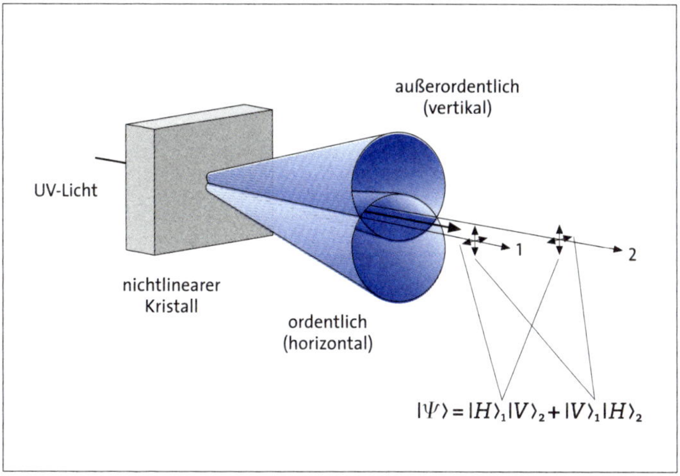

Abb. 9: Erzeugung verschränkter Photonen.

le verborgene Parameter«, die diese Rätsel der Quantenmechanik auflösen und wieder auf unsere gewohnte klassische Vorstellung führen? – Dieses Problem ist auch als das nach Einstein, Podolsky und Rosen benannte EPR-Paradoxon bekannt.

Ein großes Verdienst von John Bell war es, eine experimentell überprüfbare Aussage über Korrelationen zu machen, die durch ein klassisches Modell erklärt werden können, d. h. durch ein Modell, bei dem das Ergebnis jeder Messung eindeutig vorhersagbar ist. Bell zeigte 1964, dass es eine obere Grenze für eine gewisse Summe von Messergebnissen gibt, die niemals überschritten werden kann, wenn es sich um ein klassisches System handelt. Würde es in der Quantenmechanik verborgene Parameter geben, so sollte auch ein Quantensystem die Bell'schen Ungleichungen erfüllen. In den berühmten Experimenten von Alain Aspect und Mitarbeitern Anfang der 80er Jahre wurde jedoch gezeigt, dass verschränkte Zustände (z. B. der Bell-Zustand, den wir in Gleichung (8) kennen gelernt hatten) die

Bell-Ungleichung *verletzen*. Damit ist experimentell bewiesen worden, dass es keine verborgenen Parameter gibt, und dass sich zwei verschränkte Quantenteilchen genauso »seltsam« verhalten wie oben beschrieben. Die Verletzung der Bell'schen Ungleichungen ist ein klarer Beweis für die Existenz von Quantenkorrelationen: Quantenmechanische Systeme können *stärker* als jedes klassische System korreliert sein. Diese Tatsache ist ein wesentlicher Grund für die Überlegenheit von Quanteninformation gegenüber klassischer Informationsverarbeitung.

Sandu Popescu von der Universität Bristol erläutert die Bell-Ungleichungen anhand eines anschaulichen Szenarios. Stellen wir uns vor, dass zwei Freunde, nennen wir sie Alice und Bob, in Gefangenschaft geraten und der Willkür eines grausamen Tyrannen ausgeliefert sind. Dieser stellt ihnen eine Aufgabe, die sie lösen müssen, um freigelassen zu werden. Zu allem Unglück werden Alice und Bob nach der Aufgabenstellung in verschiedene Verliese eingesperrt und können zum Lösen der Aufgabe nicht miteinander kommunizieren.

Zunächst stellt der Tyrann ihnen die folgende Aufgabe: Beiden werden Boten geschickt, denen sie übereinstimmend entweder die Zahl 0 oder 1 nennen müssen. Der König vergleicht ihre Aussagen und prüft, ob sie identisch sind – ansonsten sind die Unglücklichen für immer verloren. Das Spiel beginnt, und zu des Herrschers Verwunderung sind die beiden in jedem Fall in der Lage, das gleiche Statement abzugeben. Der Tyrann ist verwundert, aber erkennt bald, wie sie dies geschafft haben: Bevor sie getrennt worden sind, haben sie sich auf eine Folge von Nullen und Einsen festgelegt, die sie nun beide aufsagen. Auf diese Weise haben sie eine perfekte Korrelation erreicht.

Der Tyrann will sie noch nicht freilassen und stellt ihnen eine neue, schwierigere Aufgabe: Nun bestellt er zwei Boten, die Alice und Bob je eine farbige Blume bringen. Die Blume kann entweder rot oder blau sein. Falls beide dieselbe Farbe bekommen (was sie natürlich nicht durch direkten Vergleich prüfen können), müssen auch ihre beiden Zahlen identisch sein. Falls sie verschiedenfarbige Blumen erhalten, muss auch ihre Äußerung unterschiedlich sein, d. h. einer von beiden muss 0, der andere 1 sagen. Wiederum schaffen es die beiden, diese Aufgabe souverän zu lösen. Denn sie treffen auch hier eine vorherige Absprache: Sie vereinbaren, bei einer roten Blume 0 zu sagen, und bei einer blauen Blume 1. Die beiden haben ihr Leben wiederum gerettet.

Nun aber stellt der grausame Tyrann eine unlösbare Aufgabe: Falls sowohl Alice als auch Bob eine rote Blume erhalten, müssen sie dem Boten unterschiedliche Zahlen sagen, d. h. einer von beiden 0, der andere 1. In allen anderen Fällen (d. h. beide erhalten eine blaue Blume, oder einer eine rote und der andere eine blaue) müssen ihre Antworten übereinstimmen. Nun ist es um Alice und Bob geschehen: die geforderte Korrelation kann nicht erreicht werden. Nur in höchstens 75 % der Fälle können sie diese Aufgabe erfüllen (z. B. durch die Absprache, dass Alice bei einer roten Blume 0 sagt und bei einer blauen 1, sowie Bob bei einer roten Blume 1 und bei einer blauen 0). Offensichtlich ist es nicht möglich, das Ereignis »beide haben rote Blume« zu *antikorrelieren* (d. h. verschiedene Antworten, 01 oder 10), und gleichzeitig die Ereignisse »mindestens eine blaue Blume« zu *korrelieren* (d. h. gleiche Antworten, 00 oder 11).

Der Tyrann lacht sich ins Fäustchen. Jedoch geschieht etwas Unerwartetes: Bob und Alice erfüllen nicht nur in 3/4 der Fälle die gestellte Aufgabe, sondern ihre Erfolgswahrscheinlichkeit ist sogar $(2+\sqrt{2})/4$, und dies ist größer als 3/4. Der Herrscher ist so verblüfft, dass er die beiden in die Freiheit entlässt!

Offenbar kannte der Tyrann die Gesetze der Quantenmechanik nicht: Der Trick von Alice und Bob bestand diesmal darin, vor der Trennung einen Vorrat an verschränkten Zuständen wie in Gleichung (8) anzulegen. Das erste Teilsystem des Zustands gehört Alice, das zweite Bob, d. h.

$$|\psi^-\rangle = \sqrt{\tfrac{1}{2}}\,(|0\rangle_A|1\rangle_B - |1\rangle_A|0\rangle_B)\ . \qquad (11)$$

Die Farbe der Blume entspricht nun einer bestimmten Messvorschrift: Die beiden haben vorher ihre jeweiligen Messrichtungen für den Fall einer roten bzw. blauen Blume festgelegt. Durch eine geschickte Wahl der Winkel zwischen den vier verschiedenen Messrichtungen lässt sich die angegebene Korrelation erreichen, die größer als 3/4 ist. Quantenmechanische Korrelationen sind also stärker als klassische!

Genau dies ist die Kernaussage der Bell-Ungleichungen: Sie geben eine Grenze für die Korrelation von klassischen Systemen an. Ist eine gemessene Korrelation größer als diese Grenze, dann kann sie nicht auf klassische Weise (etwa durch die Annahme zusätzlicher verborgener Parameter) erklärt werden. Es muss sich um einen Quantenzustand mit Verschränkung handeln.

Das hier erläuterte Szenario ist eine unkonventionelle Darstellung der Bell-Ungleichungen. Eine übliche Form ist wie folgt: Gegeben seien Variablen A_1, A_2 und B_1, B_2, die jeweils entweder den Wert +1 oder den Wert –1 annehmen können. Dann ist

$$(A_2 + A_1)B_1 + (A_2 - A_1)B_2 = \pm 2\ , \qquad (12)$$

denn falls $A_1 = A_2$ gilt, ist der zweite Summand gleich null und der erste gleich ± 2, und falls $A_1 = -A_2$, verschwindet der erste Summand. Andere Möglichkeiten als diese beiden gibt es nicht. Daher ist die angegebene Kombination der Variablen entweder gleich +2 oder gleich –2. Mittelt man über mehrere verschiedene Fälle, wobei der Mittelwert von A_1B_2 als $\langle A_1 B_2\rangle$ notiert wird, so gilt daher sicher

$$|\langle A_1B_1\rangle + \langle B_1A_2\rangle + \langle A_2B_2\rangle - \langle B_2A_1\rangle| \leq 2\ . \qquad (13)$$

Dies ist bereits die Bell-Ungleichung in der von Clauser, Horne, Shimony und Holt hergeleiteten Form. Betrachtet man nun eine quantenmechanische Messung, z. B. an einem Spin, so ist bei jeder einzelnen Messung das Ergebnis wieder +1 oder –1 (der Spin kann »auf« oder »ab« zeigen). Testet man aber die Ungleichung (13) am Zustand (11), wobei A_1, A_2 bzw. B_1, B_2 geschickt gewählte nicht-orthogonale Messrichtungen von Alice bzw. Bob sind, so findet man bei der Mittelung über viele Messungen, dass die linke Seite von Ungleichung (13) gleich $2\sqrt{2}$ ist, also keineswegs kleiner als 2! Der Grund ist, dass Alice *entweder* A_1 *oder* A_2 messen kann, aber nicht beide. (Das gleiche Argument gilt natürlich auch für Bobs Messungen.) Es ist also offensichtlich falsch, anzunehmen, sowohl A_1 als auch A_2 würden in einem verschränkten Zustand jeweils einen festgelegten Wert annehmen.

Verschränkung wurde zu Beginn der Quantenmechanik vor allem als Mysterium gesehen, wie z. B. das Stichwort EPR-Paradox nahelegt. Die Theorie, dass die Messung an einem Photon das andere weit entfernte Photon beeinflussen würde, erschien unhaltbar. Diese *Nichtlokalität* ist aber, wie oben beschrieben, inzwischen durch die Experimente zur Bell-Ungleichung zweifelsfrei bewiesen. Im Jahre 1998 erzeugten N. Gisin und Mitarbeiter von der Universität Genf sogar Verschränkung über eine Distanz von 10 km und bestätigten in eindrucksvoller Weise die Verletzung der Bell-Ungleichungen und somit den nicht-lokalen Charakter der Quantenmechanik.

Die neue Denkrichtung in der Quanteninformation besteht nun darin, Verschränkung als Ressource zu nutzen. Es ist zwar unwahrscheinlich, in die Gewalt des obigen Tyrannen zu geraten. Mit Hilfe von Verschränkung kann man aber völlig neue Arten der Informationsverarbeitung und -übertragung realisieren, die klassisch unmöglich sind.

3 WAS IST NEU IN DER QUANTENINFORMATION?

Wird die klassische Informationstheorie, siehe Kapitel 1, um die Prinzipien der Quantenphysik, siehe Kapitel 2, erweitert, so gelangt man zur Quanteninformation. In ihr gibt es völlig neue Möglichkeiten der Informationsverarbeitung, von denen hier die Quantenteleportation, die Quantenkryptographie und drei Quantenalgorithmen vorgestellt werden sollen.

Was sind aber die wesentlichen Unterschiede zwischen klassischer und Quanteninformation und damit die Ursachen für die grundlegend neuen Phänomene und Perspektiven der Quanteninformation?

3.1 Quantenzustände als »Qubits«

In der Quanteninformation sind die zwei Zeichen des binären Alphabets Quantenzustände, die als $|0\rangle$ und $|1\rangle$ notiert werden. Ein elementarer Träger von Quanteninformation kann z. B. ein Photon sein, das in einer von zwei möglichen Richtungen polarisiert ist, oder ein Atom, das sich entweder im Grundzustand oder in einem bestimmten angeregten Zustand befindet, oder ein Elektron, dessen Spin in positive oder negative z-Richtung zeigt. Im Zusammenhang der Quanteninformation wird ein solches Zweizustandssystem »Quantenbit« oder »Qubit« genannt.

Würde man nur die Basiszustände $|0\rangle$ und $|1\rangle$ nutzen, so entspräche dies gerade einem klassischen Bit. Wie aber in Kapitel 2.2 erläutert, kann sich ein Qubit auch in einer Superposition befinden, d. h.

$$\psi = a|0\rangle + b|1\rangle \ , \qquad (14)$$

mit der Normierungsbedingung $|a|^2 + |b|^2 = 1$. Es gibt unendlich viele verschiedene Superpositionen, denn $|a|$ kann jeden Wert zwischen 0 und 1 annehmen. Heißt dies, dass man mit einem Qubit mehr Information als mit einem klassischen Bit übertragen kann? Nein, denn die im Qubit kodierte Information kann nur durch eine Messung ausgelesen werden. Bei einer Messung (wenn nicht anders angegeben, sprechen wir im Folgenden immer von Messungen in der $\{|0\rangle, |1\rangle\}$-Basis) erhält man aber eines von nur zwei möglichen Ergebnissen. Da die Messung den Zustand verändert, kann man sie nicht in einer anderen Basis wiederholen. Daher kann man auch mit einem Qubit nur ein Bit an Information übertragen. (Eine Ausnahme von dieser Regel besteht in der so genannten **superdichten Kodierung**, bei der man Verschränkung ausnutzt und so *zwei* Bits mit nur einem Qubit übertragen kann.) S. 84

Da die Bausteine der Quanteninformation Quantenzustände sind, gehorchen sie den Prinzipien der Quantenphysik, die in Kapitel 2 erklärt wurden; insbesondere können sie verschränkt sein. Weitere wichtige Eigenschaften sind der Quantenparallelismus und das No-Cloning-Prinzip.

3.2 Quantenparallelismus und Verschränkung

Die Grundgleichung der Quantenphysik beschreibt, wie sich ein Quantenzustand zeitlich entwickelt. Die Art dieser Zeitentwicklung hängt von den physikalischen Gegebenheiten ab, etwa davon, welche Kräfte auf das Teilchen wirken. Beispielsweise kann der Polarisationsvektor eines Photons in einem optisch aktiven Medium um 90 Grad gedreht werden. War das Photon anfangs vertikal polarisiert, ist es nach der Drehung horizontal polarisiert.

Die Zeitentwicklung eines Quantenzustands wird ganz allgemein durch den so genannten Zeitentwicklungsoperator U beschrieben. Anschaulich kann man ihn als Rotation des Zustandsvektors verstehen. Die explizite Form von U soll uns an dieser Stelle nicht interessieren. Wichtig ist hier nur, dass die Zeitentwicklung einer Summe von Zuständen gleich der Summe der Zeitentwicklungen der Zustände ist – oder, mathematisch ausgedrückt, U ist *linear*. Für eine allgemeine Superposition wie in Gleichung (14) gilt also die Zeitentwicklung

$$U|\psi\rangle = aU|0\rangle + bU|1\rangle \ . \qquad (15)$$

Im obigen Beispiel heißt das, dass in einer Superposition aus vertikaler und horizontaler Polarisation beide Anteile auf gleiche Weise gedreht werden.

Sind mehrere Quantensysteme vorhanden, so können diese ebenfalls in einer Superposition vorliegen. Beispielsweise hat ein allgemeiner Zustand aus drei Qubits die Form

$$|\Psi\rangle = \alpha_0|000\rangle + \alpha_1|000\rangle + \ldots + \alpha_7|111\rangle \ . \qquad (16)$$

Die Zeitentwicklung dieses Zustands wird wiederum durch einen linearen Operator beschrieben, den wir $U^{(3)}$ nennen, um ihn vom obigen U zu unterscheiden und deutlich zu machen, dass er auf drei Teilchen wirkt. Da die Gesetze der Quantenmechanik auch hier verlangen, dass die Zeitentwicklung linear verläuft, gilt

$$U^{(3)}|\Psi\rangle = \alpha_0 U^{(3)}|000\rangle + \alpha_1 U^{(3)}|000\rangle + \ldots + \alpha_7 U^{(3)}|111\rangle. \qquad (17)$$

Diese Gleichung beschreibt die Tatsache, dass der Zeitentwicklungsoperator in gleicher Weise auf alle Summanden wirkt. Warum ist das interessant?

Wie oben erwähnt, hängt die Zeitentwicklung von den physikalischen Gegebenheiten ab, d. h. man kann U durch geeignete Wahl von Parametern, z. B. elektrischen oder magnetischen Feldern, auf ein gegebenes Problem maßschneidern. Dies wird im Kapitel über Quantenalgorithmen noch deutlicher werden. Dort wird erläutert, dass man beispielsweise eine Funktion von allen Basiszuständen berechnen will. Die Berechnung geschieht dann durch geeignete Wahl der Zeitentwicklung.

An dieser Stelle wird deutlich, dass die Quantenmechanik einen großen Vorteil bietet: Ist der Anfangszustand in einer Superposition, so wirkt die Zeitentwicklung *gleichzeitig* auf alle Summanden. Auf diese Weise wird z. B. eine Funktion gleichzeitig für alle Zustände berechnet, aus denen sich die anfängliche Superposition zusammensetzt. Die Zahl der Basiszustände wächst aber *exponentiell* mit der Zahl der Qubits: Hat man N Qubits, so gibt es 2^N Basiszustände, auf denen man eine gewünschte Funktion gleichzeitig berechnen kann. Dies bezeichnet man oft als Quantenparallelismus. Er ist ein wesentlicher Grund dafür, dass ein Quantencomputer im Prinzip schneller rechnen kann als ein klassischer.

Es klingt zu schön, um wahr zu sein, und tatsächlich ist die Quantenwelt nicht ganz so einfach, wie es hier scheint: Zwar werden alle Funktionswerte gleichzeitig berechnet, aber bei einem einfachen Versuch der Messung kann man nur einen einzigen dieser Werte erfahren. Es sind also weitere Ideen nötig, um die große Informationsmenge, die in dem superponierten Zustand versteckt ist, auch auslesen und so aus dem Quantenparallelismus tatsächlich Vorteile ziehen zu können. Darauf kommen wir in Kapitel 6 zurück. Eine dieser Ideen ist es, Verschränkung nutzbringend einzusetzen.

3.3 Das No-Cloning-Prinzip

Ein fundamentaler Unterschied zwischen klassischer und Quanteninformationstheorie ist das so genannte No-Cloning-Theorem, das 1982 von W. Wootters und W. Zurek formuliert wurde. Es besagt, dass ein *unbekannter* Quantenzustand nicht perfekt kopiert werden kann.

Ihrer diesbezüglichen Publikation vorausgegangen war ein Artikel von N. Herbert, der ein Experiment vorschlug, in dem mit Hilfe von perfekten Kopien von Quantenzuständen Information mit Überlichtgeschwindigkeit übertragen werden könne, siehe Abb. 10. Dies sollte folgendermaßen geschehen: Es werde ein verschränkter Bell-Zustand

$|\psi^-\rangle$ wie in (8) erzeugt. Nennen wir die beiden Protagonisten wieder, wie in der klassischen und Quanteninformationstheorie üblich, Alice und Bob. Sie befinden sich an zwei verschiedenen Orten. Alice erhält das erste Teilsystem und Bob das zweite, indem beispielsweise das jeweilige Photon durch ein Glasfaserkabel geschickt wird.

Alice führt nun an ihrem Teilsystem eine Messung durch. Dabei misst sie entweder in der $\{|0\rangle, |1\rangle\}$-Basis (nennen wir sie Standard-Basis), oder in einer dazu gedrehten Basis, die durch $(|0\rangle + |1\rangle)/\sqrt{2}$ und $(|0\rangle - |1\rangle)/\sqrt{2}$ gegeben ist. Die gedrehte Basis kürzen wir auch als $\{|\bar{0}\rangle, |\bar{1}\rangle\}$-Basis ab. Bei beiden möglichen Messungen findet man mit gleicher Wahrscheinlichkeit den einen oder den anderen der jeweiligen Basiszustände. Der Grund ist, wie schon in Kapitel 2.3 erläutert, dass der Zustand $|\psi^-\rangle$ in jeder Basis dieselbe Form hat. Daher ist Bobs Teilsystem nach der Messung orthogonal zu Alices Messresultat orientiert.

Nun kommt der hypothetische perfekte Quantenkopierer ins Spiel, mit dem Bob unendlich viele (oder zumindest eine sehr große Anzahl von) Kopien seines Zustands herstellt. Die Hälfte von diesen misst er in der Standard-Basis, die andere in der gedrehten Basis. In der »richtigen« Basis, d. h. in derjenigen, die Alice für die Messung des ersten Teilsystems verwendet hatte, wird er jedes Mal dasselbe Ergebnis erhalten. In der »falschen« Basis findet Bob die beiden Basiszustände jeweils in der Hälfte der Fälle. Nehmen wir z. B. an, dass Alice in der Standard-Basis gemessen und $|0\rangle$ erhalten hat. Dann findet Bob bei der Messung in der Standard-Basis immer $|1\rangle$. Bei der Messung in der gedrehten Basis erhält er aber in der Hälfte der Fälle $|\bar{0}\rangle$ und in der anderen Hälfte $|\bar{1}\rangle$. Wenn der perfekte Quantenkopierer möglich wäre, hätte Bob dadurch Information erhalten, denn er wüsste nun, in welcher Basis Alices Teilsystem gemessen wurde. Die Geschwindigkeit der Informationsübertragung hängt hier nur davon ab, wie schnell der Quantenkopierer arbeitet und wie schnell man die Messungen durchführen kann, nicht aber von der Entfernung der beiden

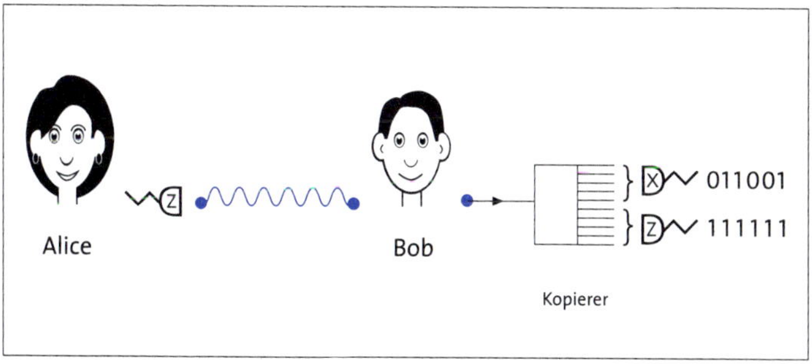

Abb. 10: Perfektes Kopieren würde Signalübertragung mit Überlichtgeschwindigkeit erlauben.

Teilsysteme. Im Prinzip wäre es also auf diese Weise möglich, Signale mit Überlichtgeschwindigkeit zu senden.

Das kam den Gutachtern der Arbeit von N. Herbert zwar sehr seltsam vor – weil nicht sein kann, was nicht sein darf. Dennoch fand niemand den Punkt, an dem seine Argumentation falsch war, und so wurde das Papier veröffentlicht. Es löste eine intensive Diskussion über das Thema aus und führte so schließlich zu der Arbeit von Wootters und Zurek.

Was ist der Grund dafür, dass eine perfekte Quantenkopiermaschine nicht gebaut werden kann? Die einfache Ursache liegt in der Natur der Quantenphysik, genauer gesagt in ihrer Eigenschaft der Linearität: Nennen wir wie in Kapitel 3.2 den Operator der Zeitentwicklung wieder U. Wir hatten schon gesehen, dass die Zeitentwicklung einer Superposition gleich der Superposition der Zeitentwicklungen ist. Wie würde ein perfekter Quantenkopierer aussehen? Er müßte zunächst die beiden Basiszustände $|0\rangle$ und $|1\rangle$ kopieren, also

$$\begin{aligned} U|0\rangle|k\rangle &= |0\rangle\,|0\rangle\ , \\ U|1\rangle|k\rangle &= |1\rangle\,|1\rangle\ . \end{aligned} \tag{18}$$

Das zweite Qubit auf der linken Seite hat die Rolle des »leeren

Papiers«, auf das kopiert wird. Hier ist es mit $|k\rangle$ bezeichnet; es kann in jedem beliebigen Anfangszustand sein. Wie wirkt dieser Kopierer auf eine Superposition? Er sollte auch jeden allgemeinen Zustand perfekt kopieren – nur dann könnte man davon sprechen, dass er einen *unbekannten* Zustand $|\psi\rangle = a\,|0\rangle + b\,|1\rangle$ fehlerfrei kopiert. Für eine Superposition gilt aber:

$$\begin{aligned} U(a|0\rangle + b|1\rangle)\,|k\rangle &= aU|0\rangle|k\rangle + bU|1\rangle|k\rangle \\ &= a|0\rangle|0\rangle + b|1\rangle|1\rangle. \end{aligned} \tag{19}$$

Hiermit hat man aber *keine* perfekte Kopie des Zustands $|\psi\rangle$ erzielt, denn dann müßte die rechte Seite ja die Gestalt $|\psi\rangle|\psi\rangle$ haben, oder ausmultipliziert

$$\begin{aligned} (a|0\rangle + b|1\rangle)\,(a|0\rangle + b|1\rangle) = a^2|0\rangle|0\rangle + b^2|1\rangle|1\rangle + \\ ab|0\rangle|1\rangle + ab|1\rangle|0\rangle\ . \end{aligned} \tag{20}$$

Das No-Cloning-Prinzip unterscheidet die Verarbeitung von Quanteninformation grundlegend von der klassischen Informationsverarbeitung und hat weitreichende Konsequenzen. Ein daraus resultierender Nachteil ist die Tatsache, dass man kein »Quanten-Backup« unbekannter Daten machen kann, da sie nicht kopiert werden können. Auch Fehlerkorrektur-Verfahren können in der Quantentheorie nicht einfach auf der Vervielfältigung unbekannter Zustände beruhen.
S. 92 Es wurden neue Methoden zur **Quantenfehlerkorrektur** entwickelt. Auf der anderen Seite bietet das No-Cloning-Prinzip auch große Vorteile: Es ist die Ursache dafür, dass Quantenkryptographie grundsätzlich sicherer als klassische Kryptographie sein kann – dazu mehr in Kapitel 5. Hier sei nur erwähnt, dass ein Spion nicht einfach einen gesendeten Zustand kopieren und weitersenden kann. Jede Wechselwirkung eines Spions führt zu einer Störung des Systems, die ihn verrät.

Bei der Erläuterung des No-Cloning-Prinzips war wichtig, dass man einen unbekannten Zustand nicht *perfekt* kopieren kann. Die Güte

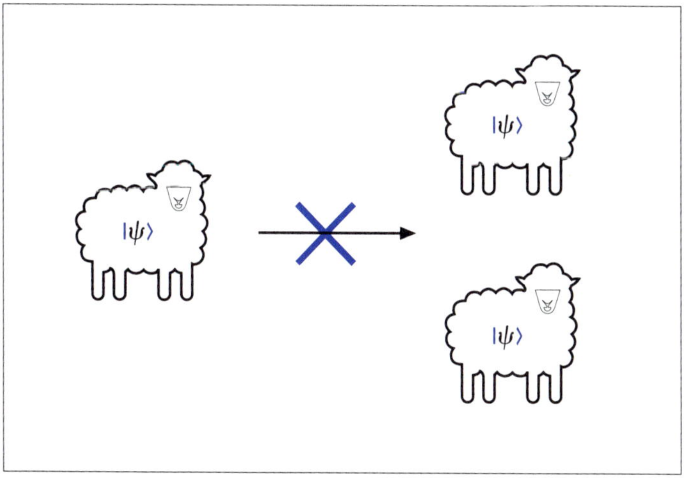

Abb. 11: Das No-Cloning-Theorem der Quantenmechanik.

einer Kopie wird auf englisch als *fidelity* bezeichnet und daher mit F abgekürzt. Eine perfekte Kopie hätte die Güte $F=1$. Was ist die maximal erreichbare Güte? Unterscheidet sie sich um einen endlichen Betrag von 1, oder kann man $F=1$ asymptotisch erreichen, d. h. unendlich nahe herankommen? Es zeigt sich, dass die maximale Güte eines approximativen Quantenkopierers bei $F=5/6$ liegt, wenn man nur eine Kopie erstellt. Die Güte nimmt aber mit der Zahl der Kopien ab. Für unendlich viele Kopien gilt $F=2/3$. Dies ist gerade so groß, dass bei dem von Herbert vorgeschlagenen Experiment Bob als Besitzer des zweiten Teilsystems keine Information erhalten kann, falls er seinen Quantenzustand mit einem solchen approximativen Kopierer vervielfacht. Mit Hilfe eines approximativen Quantenkopierers kann also kein Signal mit Überlichtgeschwindigkeit gesendet werden.

Experimente zum approximativen Quantenklonen testen somit die Grenze zwischen klassischer Physik und Quantenphysik. Durch Experimente mit polarisierten Photonen konnten Francesco De Martini und Mitarbeiter im Jahr 2000 in Rom, sowie Dik Bouwmeester und Mitarbeiter im Jahr 2002 in Oxford nachweisen, dass die Natur dem Quantenklonen tatsächlich die obigen theoretischen Grenzen auferlegt.

4 QUANTENTELEPORTATION

Schlägt man den Begriff Teleportation im Oxford Dictionary nach, so findet man »scheinbar instantaner Transport von Personen etc. über eine Distanz, mittels fortgeschrittener Technologie«. Trifft dies auf die Idee der Quantenteleportation zu? Wird Quantenteleportation es eines Tages ermöglichen, uns von einem Ort zum anderen zu »beamen«? Sicherlich nicht. Schon diese Fragestellung ist sinnlos: Bei der Quantenteleportation gelangt ein unbekannter Zustand, in dem sich ein Quantensystem befindet, von einem Ort zu einem anderen, ohne dass das Teilchen selbst dorthin gesendet wird. Transportiert wird nicht Materie, sondern Information. Da man auch auf klassische Weise kommunizieren muss, um Quantenteleportation zu verwirklichen, geschieht sie nicht instantan und ist mit den Gesetzen der Relativitätstheorie wohl verträglich.

4.1 Theorie der Quantenteleportation

Im Jahr 1993 schlug eine Kollaboration um Charles Bennett das Prinzip der Quantenteleportation vor. Die Väter der Quantenteleportation sind in Abb. 12 zu sehen. Asher Peres vom Technion in Haifa berichtet über die Entstehung dieser berühmten Arbeit: »Nach anfänglichen gemeinsamen Diskussionen waren wir wieder auf vier Länder rund um die Welt verteilt. So konnten wir in Schichten arbeiten – die Sonne über unserer Kollaboration ging nie unter.«

Das Prinzip der Quantenteleportation beruht auf der Verwendung eines verschränkten Zustands: Die zwei beteiligten Parteien – wir

Abb. 12: Die Väter der Quantenteleportation – vorne von links: Gilles Brassard, Claude Crepeau, Asher Peres, hinten: Richard Jozsa, William Wootters, Charles Bennett.

kennen Alice und Bob ja nun schon – haben einen Bell-Zustand wie in Gleichung (8) zur Verfügung, wobei jeder eines der beiden Quantenbits besitzt. Sie befinden sich wiederum in voneinander entfernten Labors.

Nehmen wir an, dass Alice einen *unbekannten* Quantenzustand $|\psi\rangle = a|0\rangle + b|1\rangle$ hat und ihn gerne an Bob senden würde. Da der Zustand unbekannt ist, kann sie ihn nicht durch Messen ermitteln, siehe Kapitel 3.2: Eine Messung in der Basis $\{|0\rangle, |1\rangle\}$ würde mit der Wahrscheinlichkeit $|a|^2$ das Ergebnis $|0\rangle$ haben und mit Wahrscheinlichkeit $|b|^2$ das Ergebnis $|1\rangle$. (Eine Messung in einer anderen Basis würde wiederum mit gewissen Wahrscheinlichkeiten den einen oder anderen Basiszustand ergeben.) Wenn man viele identische Zustände zur Verfügung hätte, könnte man mit vielen Messungen in einer festen Basis die entsprechenden Wahrscheinlichkeiten und damit den Zustand bestimmen. Da jedoch nur ein einziger Zustand vorhanden ist, fände man bei der einzigen Messung den einen oder den anderen Basiszustand, ohne irgendeine Information über die Form des Zustands zu erhalten.

Wenn Alice den Zustand an Bob schicken will, könnte sie ihn durch einen so genannten Quantenkanal senden, im Fall eines polarisierten Photons z. B. ein Glasfaserkabel. Dies würde jedoch unweigerlich zu Fehlern führen: in einer realen, also nicht rauschfreien Glasfaser würde der Zustand des Photons, beispielsweise die Richtung der Polarisation, verändert werden.

Das Vorhandensein eines verschränkten Zustands erlaubt jedoch die fehlerfreie Übertragung von $|\psi\rangle$: Alice und Bob teilen sich den verschränkten Zustand, d. h. Alice besitzt das erste Qubit und Bob das zweite. Nun macht Alice eine Messung an ihren *beiden* Quantenzuständen, d. h. der Hälfte des Bell-Zustands und dem unbekannten Zustand $|\psi\rangle$. Entscheidend ist hierbei die Art der Messung: sie erfolgt in der Basis der Bell-Zustände (man spricht von einer *Bell-Messung*). Einer dieser Bell-Zustände war bereits im Zusammenhang mit Verschränkung in 2.3 eingeführt worden,

$$|\psi^-\rangle = \sqrt{\tfrac{1}{2}}\,(|0\rangle\,|1\rangle - |1\rangle\,|0\rangle)\ . \tag{21}$$

Die anderen drei Bell-Zustände lauten

$$\begin{aligned} |\psi^+\rangle &= \sqrt{\tfrac{1}{2}}\,(|0\rangle\,|1\rangle + |1\rangle\,|0\rangle)\ ,\\ |\phi^-\rangle &= \sqrt{\tfrac{1}{2}}\,(|0\rangle\,|0\rangle - |1\rangle\,|1\rangle)\ ,\\ |\phi^+\rangle &= \sqrt{\tfrac{1}{2}}\,(|0\rangle\,|0\rangle + |1\rangle\,|1\rangle)\ . \end{aligned} \tag{22}$$

Es gibt vier mögliche Resultate der Bell-Messung, die alle gleich wahrscheinlich sind. Durch Alices gemeinsame Messung am unbekannten Zustand und einem Teil des verschränkten Systems ist gewissermaßen die Information über $|\psi\rangle$ mit Hilfe der Quantenkor-

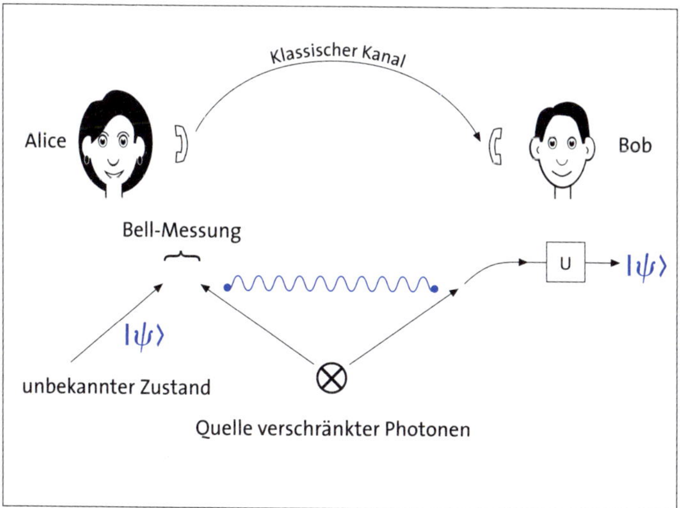

Abb. 13: Die Idee der Quantenteleportation: Alice und Bob teilen einen Bell-Zustand. Alice hat einen unbekannten Quantenzustand, den sie zusammen mit ihrer Hälfte des Bell-Zustands misst. Dann teilt sie Bob das Ergebnis ihrer Messung telefonisch mit.

relationen an Bob übertragen worden. Sein Zustand »weiß« nun etwas über Alices unbekannten Zustand $|\psi\rangle$. Allerdings ist sein Quantensystem nun in einem von vier möglichen Zuständen (je nach dem Ergebnis der Bell-Messung), und er weiß noch nicht, in welchem. Jeder dieser vier Zustände kann aber durch eine entsprechende Rotation in den Zustand $|\psi\rangle$ gebracht werden. (Einer der vier ist sogar schon ohne Rotation gleich dem ursprünglichen Zustand.)

Alice muss daher nach ihrer Messung Bob über einen so genannten klassischen Kanal (z. B. ein Telefon) das Ergebnis der Messung mitteilen. Sie braucht dazu zwei klassische Bits, da sie Bob eines von vier möglichen Resultaten mitteilen muss. Nun weiß Bob, in welchem der vier möglichen Zustände sein Quantensystem ist. Daraufhin führt er die diesem Fall entsprechende einfache Rotation an seinem Qubit durch. Nach der Rotation ist sein Quantensystem genau im gewünschten ursprünglichen Zustand $|\psi\rangle$! Die Information, die in dem unbekannten Zustand bei Alice enthalten war, ist nun zu Bob gelangt – jedoch, ohne dass er Wissen über die Form des Zustandes erhalten hätte. Da keine physikalische Materie gesendet wurde, ist dieser Vorgang keinem Rauschen unterworfen: Der maximal verschränkte Zustand dient als fehlerfreier Quantenkanal. Das beschriebene Protokoll ist in Abb. 13 schematisch dargestellt.

Haben wir es hier mit einer geisterhaften oder unphysikalischen Angelegenheit zu tun? Keineswegs. Es wird keine Materie transportiert, sondern ein physikalisches System, das zu jeder Zeit bei Bob war, nimmt einen Zustand ein, der vorher einem System bei Alice aufgeprägt war. Die Quantenteleportation widerspricht nicht der Relativitätstheorie, denn es wird keine Information mit Überlichtgeschwindigkeit übertragen: da Alice ihr Messergebnis Bob per Telefon mitteilt (oder auf irgendeine andere Methode, die den Gesetzen der klassischen Physik gehorcht), ist die Geschwindigkeit der Informationsübertragung begrenzt. Widerspricht diese Idee dem No-Cloning-Theorem (siehe Kapitel 3.3)? Auch dies ist nicht der Fall, denn der ursprüngliche Quantenzustand $|\psi\rangle$ wird bei Alice durch die Messung zerstört, bevor er bei Bob auftaucht. Zu keiner Zeit existiert also eine zweite Kopie des unbekannten Zustands.

Ganz wesentlich für den Erfolg des Teleportierens ist die Verwendung des verschränkten Zustands. Auf diese Weise wird $|\psi\rangle$ perfekt an Bob übermittelt, d.h die Güte ist $F = 1$. Ohne den verschränkten Zustand hätte Alice nur die Möglichkeit, eine Messung an $|\psi\rangle$ durchzuführen und Bob das Resultat mitzuteilen. Da man aber einen einzelnen Quantenzustand nicht perfekt messen kann, werden Fehler auftreten: die Güte, die auf diese Weise bestenfalls erreicht werden kann, liegt nur bei $F = 2/3$.

Es sei betont, dass auch der verschränkte Bell-Zustand nach der Teleportation zerstört ist. Er kann als eine Ressource gesehen werden,

Abb. 14: Anton Zeilinger von der Universität Wien.

die beim Übersenden von $|\psi\rangle$ verbraucht wird. Dies ist die erwähnte grundlegend neue Sichtweise von Verschränkung: anders als in den frühen Tagen der Quantentheorie wird Verschränkung nicht als paradoxes Phänomen angesehen, sondern als nutzbares Gut.

4.2 Experimente zur Quantenteleportation

Quantenteleportation wurde im Experiment 1997 von Anton Zeilinger (s. Abb. 14) und Mitarbeitern in Innsbruck und 1998 von Francesco De Martini und Mitarbeitern in Rom verwirklicht.

Das Innsbrucker Experiment benutzt polarisierte Photonen. Wie in Kapitel 2.3 beschrieben, erzeugt man ein verschränktes Photonenpaar mit einem doppelbrechenden Kristall, siehe Abb. 9. Der Zustand $|\psi\rangle$, den Alice teleportieren möchte, ist ebenfalls ein polarisiertes Photon.

Der schwierigste Teil des Experiments ist die Bell-Messung, die *gleichzeitig* an $|\psi\rangle$ und Alices Teil des verschränkten Zustands erfolgen muss. Die gleichzeitige Ankunft der entsprechenden Photonen

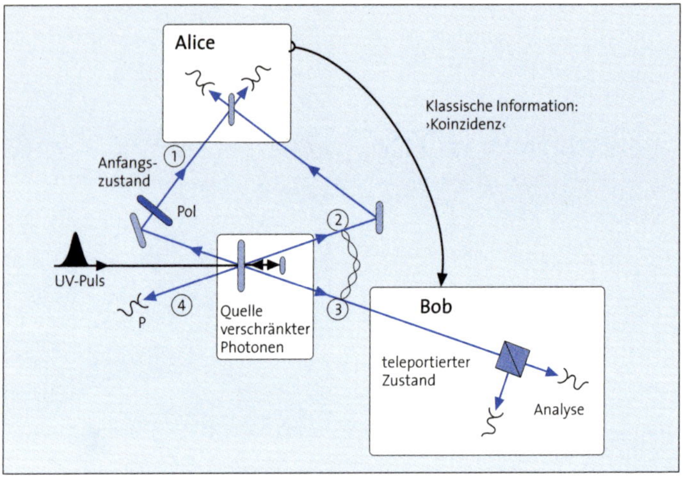

Abb. 15: Experimentelle Quantenteleportation (A. Zeilinger). Durch einen nichtlinearen Kristall geleitetes UV-Licht erzeugt zwei verschränkte Photonen (2) und (3), und beim zweiten Passieren durch den Kristall, nach Reflexion, die Photonen (1) und (4). Photon (1) kann in jeder Polarisationsrichtung präpariert werden und wird ›teleportiert‹; Photon (4) dient lediglich als Anzeige, dass Photon (1) unterwegs ist.

am Detektor wird dadurch erreicht, dass ein weiteres verschränktes Photonenpaar erzeugt wird. Eines dieser Photonen ist das zu teleportierende, das nun in einer bestimmten Polarisation präpariert wird. Das zweite Photon »meldet« die Ankunftszeit des ersten. Mit den verwendeten optischen Elementen (Strahlteiler, Spiegel und Polarisationsfilter) kann man zweifelsfrei nur zwei von den vier Bell-Zuständen unterscheiden. Im Experiment wurde nur die Detektion eines Zustands (des $|\psi^-\rangle$) verwendet. In diesem Fall muss Bob sein Qubit nach Erhalt der klassischen Information nicht rotieren.

Die klassische Information für Bob besteht darin, dass der Bellzustand bei Alice durch eine Koinzidenz in zwei Detektoren nachgewiesen wurde. Daraufhin prüft Bob mit Polarisationsanalysatoren, ob sein Qubit tatsächlich im Zustand $|\psi\rangle$ ist. Im Experiment wurde eine Güte bis etwa 0.8 erreicht. Der Versuchsaufbau des Experiments von Anton Zeilinger und Mitarbeitern ist in Abb. 15 dargestellt.

5 GEHEIME BOTSCHAFTEN AUS LICHT: QUANTENKRYPTOGRAPHIE

Die Suche nach Möglichkeiten der geheimen Kommunikation ist so alt wie die Menschheit. Die Motive dafür sind vielfältig und reichen von sehr privaten Botschaften oder etwa der Beschreibung des Ortes eines verborgenen Schatzes über militärische Anwendungen bis zur sicheren Übermittlung von Kreditkartennummern in der heutigen modernen Kommunikationsgesellschaft. Jeder ist im Lauf seines Lebens wohl schon einmal auf die Faszination einer Geheimsprache oder Geheimschrift gestoßen. Die zugehörige Wissenschaft wird als Kryptographie bezeichnet (aus dem Griechischen, $\kappa\rho\upsilon\pi\tau o\zeta$ ≈ verborgen, und $\gamma\rho\alpha\varphi\varepsilon\iota\nu$ ≈ schreiben).

Wo eine geheime Botschaft existiert, gibt es auch den Wunsch, sie zu entschlüsseln. Die Konkurrenz zwischen den Erstellern von Geheimschriften und deren Entzifferern (Kryptologen) hat über die Jahrhunderte hinweg immer kompliziertere und schwieriger zu entschlüsselnde Methoden hervorgebracht.

In den 80er Jahren des vergangenen Jahrhunderts gab es jedoch einen entscheidenden Schritt in der Kryptographie, nämlich die Idee, Quantensignale zu verwenden. Die Erkenntnis, die Eigenschaften der Quantenmechanik für die Kryptographie zu nutzen, ist von revolutionärer Bedeutung: Zum einen bietet die Quantenmechanik neue Möglichkeiten für die Kryptoanalysis und gefährdet daher die Sicherheit der derzeitig benutzten Verschlüsselungsverfahren. Zum anderen erlaubt sie aber völlig neue Methoden zur Verschlüsselung: die Sicherheit der Quantenkryptographie beruht auf *physikalischen Prinzipien*.

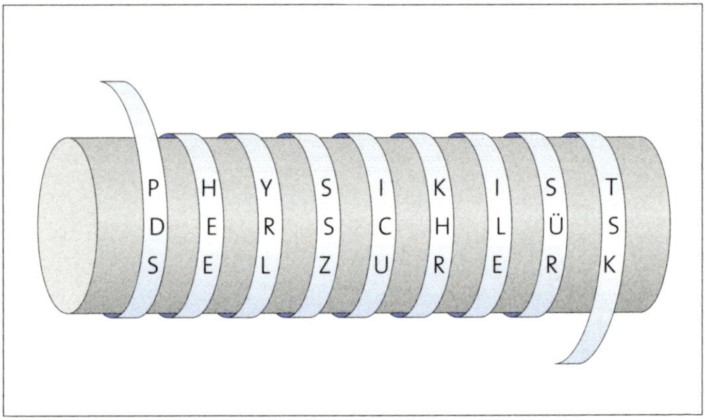

Abb. 16: Der Durchmesser des Stabs ist der geheime Schlüssel bei *Scytale*.

5.1 Grundlagen der klassischen Kryptographie

Zwei wichtige Methoden der klassischen Kryptographie sind die *Transposition* und die *Substitution*. Bei der Transposition werden die Buchstaben der Botschaft auf systematische Weise gemischt, beispielsweise dadurch, dass der erste Buchstabe in eine obere Zeile, der zweite in eine untere Zeile, der dritte wieder in die obere Zeile, u.s.f. notiert werden. Die chiffrierte Botschaft besteht dann aus den beiden aneinandergehängten Zeilen. Ebenfalls auf der Transposition beruht *Scytale* aus dem 5. Jahrhundert v. Chr., siehe Abb. 16: Hier wird ein Pergamentstreifen um einen Stab gewickelt. Die Nachricht wird dann längs des Stabes notiert, so dass die Buchstaben entlang des Pergamentstreifens gemischt sind. Der Empfänger kann die Botschaft lesen, wenn er einen Stab mit dem gleichen Durchmesser besitzt: dieser Stab ist der Schlüssel.

Bei der Substitution wird jeder Buchstabe systematisch durch einen anderen Buchstaben oder durch ein Symbol ersetzt. Ein Beispiel dafür ist die so genannte *Caesar-Chiffre*, bei der das Geheimtextal-

Klartextalphabet:

a b c d e f g h i j k l m n o p q r s t u v w x y z

Geheimtextalphabet:

C D E F G H I J K L M N O P Q R S T U V W X Y Z A B

Klartext: d e b e l l o g a l l i c o

Geheimtext: F G D G N N Q I C N N K E Q

Abb. 17: Die Caesar-Chiffre: das so genannte Geheimtextalphabet (Großbuchstaben) ist um zwei Plätze gegenüber dem Klartextalphabet (kleine Buchstaben) verschoben. Durch entsprechende Ersetzung wird aus dem Klartext der Geheimtext und umgekehrt.

phabet durch eine Verschiebung aus dem Klartextalphabet hervorgeht. Dies ist in Abb. 17 dargestellt.

Der Phantasie sind bei der Erstellung einer Substitutionschiffre keine Grenzen gesetzt. Ihr wesentliches Prinzip, nämlich die Ersetzung jeden Buchstabens durch ein festgelegtes Symbol, bietet jedoch die Möglichkeit zur relativ einfachen Entschlüsselung einer geheimen Nachricht mittels einer Frequenzanalyse: Dabei werden in einem gegebenen Text die Häufigkeiten gezählt, mit denen die Symbole auftauchen. Weiß man, in welcher Sprache ein Text verfasst ist, kann man das am häufigsten auftretende Symbol dem häufigsten Buchstaben dieser Sprache (im Deutschen dem »e«) zuordnen, das zweithäufigste Symbol dem zweithäufigsten Buchstaben, und so weiter. Selbst wenn diese Zuordnung wegen der endlichen Länge des vorhandenen Textes nicht immer genau richtig ist, kann man doch mit Hilfe von typischen Buchstabenkombinationen (z. B. sind häufige Endungen im Deutschen »en« oder »er«) die Nachricht entziffern. Die Idee der Frequenzanalyse taucht sogar in der Literatur auf: In der Geschichte »Der Goldkäfer« von Edgar Allan Poe wird auf diese Weise die Ortsbeschreibung eines vergrabenen Schatzes entziffert. Auch bei Arthur Conan Doyle findet man eine Geheimschrift in der Sherlock Holmes-Erzählung »Die tanzenden Männchen«.

Die Schwäche der Substitution liegt also in der systematischen Ersetzung jedes Buchstabens. So konnte selbst die äußerst komplizierte Verschlüsselung durch die Enigma-Maschine im Zweiten Weltkrieg geknackt werden, denn auch hier lag der Chiffrierung ein systematisches, wenn auch sehr komplexes Verfahren zugrunde. Bereits im Jahr 1918 wurde die *Vernam-Chiffre* (benannt nach G. Vernam) entwickelt, die diese Schwäche umgeht und nachweisbar sicher ist. In ihr wird ein *Zufallsschlüssel* benutzt, der genauso lang wie die Nachricht ist und nur einmal verwendet werden darf. Er muss sich im Besitz von Sender und Empfänger befinden. Zunächst werden die Buchstaben der Nachricht durch Zahlen ersetzt. Zu diesen addiert der Sender den ebenfalls aus Zahlen bestehenden Schlüssel. Da der Schlüssel eine Zufallsfolge ist, hat nun auch die verschlüsselte Botschaft keine Systematik mehr. Gleiche Buchstaben der Nachricht werden im Allgemeinen nicht zu gleichen Buchstaben des Geheimtextes – eine Frequenzanalyse ist nicht mehr möglich! Der rechtmäßige Empfänger ist im Besitz des Schlüssels und subtrahiert ihn einfach wieder vom Geheimtext.

Wenn man Binärzahlen verwendet, addiert der Sender den Zufallsschlüssel modulo 2, und der Empfänger addiert ihn ebenfalls modulo 2. Bei der Addition »modulo« x liegt das Endergebnis zwischen 0 und x: Falls man nach der gewöhnlichen Addition ein Ergebnis erhält, das größer als x ist, wird x von diesem Ergebnis abgezogen. Die Addition »modulo« 12 ist aus dem Alltagsleben vertraut: Ein einfaches Beispiel ist die Uhr, bei der wir modulo 12 rechnen. Nehmen wir an, dass man sich nachmittags zum Tee verabreden will. Ist es gerade 11 Uhr vormittags, und man braucht noch 4 Stunden Zeit für Erledigungen, so addiert man 11 Uhr und 4 Stunden zu 15 Uhr. Indem man davon 12 abzieht, ist klar, dass man sich um 3 Uhr nachmittags verabredet. Mathematisch ausgedrückt: $(11+4) \bmod 12 = 3$. In unserem Fall geht es um die Addition modulo 2, für die nur vier Möglichkeiten zu betrachten sind: $(0+0) \bmod 2 = 0$; $(0+1) \bmod 2 = 1$; $(1+0)$

Klartext	0 0 1 0 1 1 1 0 1 0 0 0 1 1 0
Zufallsschlüssel	1 0 0 1 0 1 1 1 1 0 0 1 0 0 1
Geheimtext	1 0 1 1 1 0 0 1 0 0 0 1 1 1 1

Abb. 18: Die Vernam-Chiffre: Addition eines Zufallsschlüssels.

mod 2 = 1 und (1 + 1) mod 2 = 0. Im Binärsystem ist die Addition modulo 2 gleich der Subtraktion modulo 2.

Ein Beispiel für die Addition eines binären Zufallsschlüssels ist in Abb. 18 gezeigt. Zwar ist die Vernam-Chiffre nachweisbar sicher, jedoch ist sie in der Realität sehr unhandlich, denn zunächst muss man den Zufallsschlüssel auf sichere und geheime Weise an Sender und Empfänger verteilen. So ist das Problem nur auf die sichere Schlüsselerstellung verschoben, nicht aber gelöst.

Dieses Problem der Schlüsselverteilung wird bei den *Public-Key-Verfahren*, die heute vielfältige Anwendung finden, umgangen: Hier gibt es einen öffentlichen Schlüssel, der allgemein bekannt ist und den der Sender zur Verschlüsselung benutzt, und einen geheimen Teil dieses Schlüssels, der nur im Besitz des Empfängers ist und zur Entschlüsselung benötigt wird. Die Sicherheit dieser Methode beruht auf ihrer Asymmetrie. Im Gegensatz zur Vernam-Chiffre, bei der die Addition bzw. Subtraktion des Schlüssels gleich schwierig ist, werden für die Public-Key-Kryptographie mathematische Verfahren verwendet, bei denen die Umkehrung der Verschlüsselung sehr viel komplizierter als diese ist. Das bedeutendste dieser Kryptographie-Verfahren mit öffentlichem Schlüssel ist das *RSA-Verfahren*, benannt nach R. Rivest, A. Shamir und L. Adleman. Es nutzt aus, dass die Zerlegung einer großen Zahl in Primzahlen sehr viel schwieriger ist als das Multiplizieren der gegebenen Zahlen. (In Kapitel 1.3 war erläutert worden, dass die Primzahlzerlegung von exponentieller Komplexität ist.) Der Empfänger findet durch Multiplikation zweier zufällig gewählter großer Primzahlen eine sehr große Zahl. Diese Zahl gibt er öffentlich bekannt; sie wird zum Verschlüsseln verwendet. Das Verfahren ist im Detail so gewählt, dass man zum Entschlüsseln die Primzahlfaktoren benötigt, aus denen der öffentliche Schlüssel besteht. Diese kennt aber nur der Empfänger, denn sie sind der geheime Schlüssel. Public-Key-Verfahren spielen eine wichtige Rolle für die Übertragung vertraulicher Information im Internet. Heutzutage werden RSA-Schlüssel der Länge 1024 Bit verwendet. Um eine Zahl mit 1024 binären Stellen zu faktorisieren, müssten 1.4 Milliarden PCs 2 Monate lang rechnen – daher ist RSA nach allen praktischen Erwägungen sicher.

An dieser Stelle würde ein Quantencomputer die Sicherheit des RSA-Verfahrens bedrohen, da der Algorithmus von Shor, siehe Kapitel 6.2, im Prinzip eine exponentielle Geschwindigkeitssteigerung bei der Primzahlzerlegung erlaubt. Damit könnte ein Spion, der im Besitz eines Quantencomputers ist, einfach den geheimen Schlüssel berechnen und so die Botschaft entziffern. Gefährdet die Quantenmechanik also die sichere Kommunikation in unserer Informationsgesellschaft? Abgesehen davon, dass in absehbarer Zeit wohl kein derart leistungsfähiger Quantencomputer existieren wird, stellt uns die Quantenmechanik auch eine völlig neue Methode für die Kryptographie zur Verfügung.

5.2 Sicherheit durch Prinzipien der Quantenphysik

In der Quantenkryptographie wird die Vernam-Chiffre benutzt, die als sicher bewiesen wurde – wenn Sender und Empfänger denselben geheimen Zufallsschlüssel zur Verfügung haben. Wie wir sehen werden, ermöglichen die Prinzipien der Quantenphysik gerade den sicheren Schlüsselaustausch. Eigentlich bedeutet »Quantenkryptographie« also die sichere Übertragung eines Zufallsschlüssels mit Quantenzuständen.

Im Kapitel 3.3 wurde bereits auf einen wesentlichen Unterschied zwischen klassischer und Quanten-Information eingegangen: das No-Cloning-Prinzip, das besagt, dass ein unbekannter Quantenzustand nicht störungsfrei kopiert werden kann. Nennen wir die beiden Parteien, die einen geheimen Zufallsschlüssel vereinbaren wollen, wieder Alice und Bob. Sendet Alice einen Quantenzustand zu Bob, so ist es für einen Spion unmöglich, das gesendete Quantensignal einfach zu kopieren und weiterzuschicken, ohne dass es Alice und Bob merken. Die Sicherheit der Quantenkryptographie beruht also nicht auf Annahmen über die Komplexität von mathematischen Problemen, sondern auf experimentell bestätigten physikalischen Prinzipien und ist daher von fundamentaler Natur.

In den letzten 20 Jahren wurden zwei Ideen zur Quantenkryptographie entwickelt: Bei der einen werden einzelne Signale von Alice zu Bob gesendet. Die andere verwendet verschränkte Zustände (siehe Kapitel 2.3), deren eines Teilsystem sich bei Alice, das andere sich bei Bob befindet. Die zweite Methode wird weiter unten erläutert (**Quantenkryptographie mit Verschränkung**). S. 87

5.3 Schlüsselübertragung mit einzelnen Photonen

Grundlegende Ideen zur Verwendung von Prinzipien der Quantenphysik im Zusammenhang mit Verschlüsselungstechniken finden sich bereits 1970 in einer Arbeit von S. Wiesner über »Conjugate Coding« (»Konjugiertes Verschlüsseln«), die aber erst 1983 veröffentlicht wurde. Darin stellt er die Idee für **fälschungssichere Banknoten** vor. S. 86

Im Jahr 1984 entwickelten C. Bennett und G. Brassard am Forschungszentrum von IBM in New York ein Quanten-Verfahren zur sicheren Schlüsselübertragung, das heute als »BB84«-Protokoll bekannt ist. Seine Sicherheit beruht darauf, dass ein Spion das gesendete Signal durch eine Messung stören würde und daher entlarvt werden könnte.

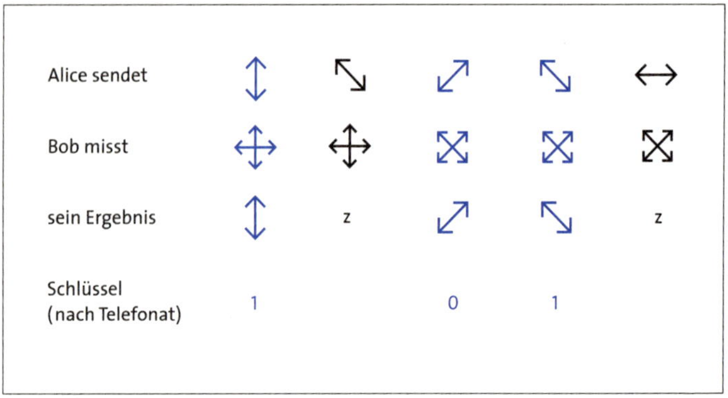

Abb. 19: Das BB84-Protokoll der Quantenkryptographie: Alice sendet polarisierte Photonen zu Bob. Dieser misst in der geraden oder schrägen Basis. Falls er in der »falschen« Basis gemessen hat, erhält er ein zufälliges Ergebnis (z).

Im BB84-Protokoll sendet Alice einzelne Quantenzustände zu Bob. In der experimentellen Verwirklichung sind dies meist linear polarisierte Photonen, d. h. Lichtquanten, deren elektromagnetisches Feld in einer bestimmten Richtung schwingt, siehe Kapitel 2.2. Alice wählt bei jeder Übertragung zufällig (mit gleicher Wahrscheinlichkeit) eine von vier möglichen Polarisationsrichtungen: Die ersten beiden Möglichkeiten sind vertikale und horizontale Polarisation, wir wollen sie »gerade « nennen. Die anderen beiden Möglichkeiten sind Polarisation in 45°- und 135°-Richtung, nennen wir sie »schräg«. In Kapitel 2.2 wurde erläutert, dass die Zustände der geraden Basis als $|1\rangle$ (vertikal) und $|0\rangle$ (horizontal) geschrieben werden können; die Zustände der schrägen Basis sind dann $(|0\rangle+|1\rangle)/\sqrt{2}$ (entsprechend 45°) und $(|0\rangle-|1\rangle)/\sqrt{2}$ (entsprechend 135°).

Das polarisierte Photon wird zu Bob geschickt, z. B. über ein Glasfaserkabel. Dieser macht nun eine von zwei möglichen Messungen (wiederum zufällig gewählt, mit gleicher Wahrscheinlichkeit): Entweder misst er in der »geraden« oder in der »schrägen« Basis. Eine Messung in der geraden Basis zu machen bedeutet, zwischen vertikaler und horizontaler Polarisation zu unterscheiden. Hierzu kann man beispielsweise einen doppelbrechenden Kalkspatkristall verwenden, dessen optische Achse vertikal ausgerichtet ist. Ein auf den Kristall auftreffendes vertikal polarisiertes Photon wird in ihm abgelenkt, ein horizontal orientiertes dagegen ändert seine Richtung nicht. Eine Messung in der schrägen Basis macht man, indem man den Kalkspatkristall um 45° rotiert.

Stimmt Bobs Basis mit Alices Wahl überein (dies geschieht in der Hälfte der Fälle), so ist sein Messergebnis vollständig mit Alices Signal korreliert. Sie haben sich zuvor über die Zuordnung »horizontal« = 0 und »vertikal« = 1 sowie »45°« = 0 und »135°« = 1 verständigt. Hat Alice das Signal »horizontal« gesendet und Bob in der geraden Basis gemessen, so haben beide das Signal als 0 interpretiert.

Falls Bob aber z. B. in der schrägen Basis misst, während Alice ein horizontal polarisiertes Photon gesendet hat, so wird er mit gleicher Wahrscheinlichkeit »0« oder »1« finden, also ein rein zufälliges Ergebnis. Die beiden kommunizieren nach dem Übersenden der Photonen auf klassische Weise, z. B. per Telefon. Hierbei teilen sie sich mit, in welchen Fällen sie dieselbe Basis verwendet haben, ohne jedoch das Ergebnis von Bobs Messung zu verraten. Nur diese Fälle werden weiterverwendet, die anderen weggeworfen. Nun haben Alice und Bob einen perfekt korrelierten geheimen Zufallsschlüssel! Ein Beispiel für das BB84-Protokoll ist in Abb. 19 gezeigt.

Betrachten wir nun den Fall, dass ein Spion Information über den Schlüssel erlangen will. Traditionellerweise wird der Spion Eve genannt, denn »abhören« heißt im Englischen *eavesdropping*. Könnte nicht Eve einfach das Signal abfangen, messen und dann weitersenden? Im Prinzip ja, aber sie würde dabei Fehler erzeugen: Falls Eve dieselbe Basis wie Alice wählt, sendet sie das Signal nach der Messung ungestört weiter, und Bob merkt nichts von ihrer Existenz. Dann hat sie dasselbe Bit wie Alice und Bob. In der Hälfte der Fälle wird Eve aber die falsche Basis wählen. Dann sendet sie ein Signal in der falschen Basis an Bob weiter. Falls dieser auch die falsche Basis wählt, wird dieses Event sowieso nicht berücksichtigt. Falls er aber die richtige Basis wählt, wird er mit gleicher Wahrscheinlichkeit das richtige wie das falsche Messergebnis erhalten. In 1/4 der von Alice und Bob berücksichtigten Fälle bekommt Bob also einen falschen Bitwert, obwohl er in der richtigen Basis gemessen hat. Alice und Bob können einfach am Ende einige ihrer Bits vergleichen und so herausfinden, ob ein Spion mitgehört hat.

Der geschilderte Lauschangriff folgt der einfachen Idee des Messens und Weitersendens. Inzwischen wurden weit kompliziertere Abhörversuche untersucht, bei denen Eve als so schlau und mächtig wie möglich angenommen wird, d. h. sie verwendet eine allgemeine Quantenstrategie. Wenn die Information, die sie dabei über die von Alice gesendeten Signale bekommen hat, kleiner als die Information zwischen Bob und Alice ist, können die beiden dennoch einen geheimen Schlüssel »destillieren«. Hierzu werden klassische Verfahren benutzt: Zunächst werden mittels Fehlerkorrektur nicht übereinstimmende Bits von Alice und Bob verworfen, danach wird Bobs Information gegenüber Eves Information weiter erhöht, indem z. B. die so genannte »Vertraulichkeitsverstärkung« (*privacy amplification*) angewendet wird.

Auf der experimentellen Seite ist Quantenkryptographie derjenige Bereich der Quanteninformation, der am weitesten fortgeschritten ist, und in dem auch kommerzielle Anwendungen in der nahen Zukunft möglich sind. Das erste Experiment zur Quantenkryptographie wurde von C. Bennett selbst durchgeführt: 1989 demonstrierte er mit J. Smolin am IBM-Forschungslabor in New York einen Schlüsselaustausch mit polarisierten Photonen, allerdings nur über eine Distanz von 30 cm. Der Gruppe um Nicolas Gisin an der Universität Genf gelang es 1995, einen Quantenschlüssel über eine Distanz von 23 km auszutauschen. Das Experiment benutzt ein Glasfaserkabel der Schweizer Telefongesellschaft, durch das polarisierte Photonen

Abb. 20: Übertragung eines Quantenschlüssels von der Zugspitze zur Karwendelspitze (H. Weinfurter, LMU München).

gesendet werden. Die Senderin Alice befindet sich in Genf, und Bob ist in Nyon. Die erreichten Bitraten sind von der Größenordnung kHz, also ca. 1000 Bits pro Sekunde, und die Fehlerrate beträgt 1–3 %. Seit 2002 ist sogar Schlüsselaustausch über 67 km (von Genf nach Lausanne) möglich.

Richard Hughes und Mitarbeiter vom Los Alamos National Laboratory begannen Experimente zur so genannten Freiraum-Quantenkryptographie, bei der man die Photonen einfach durch die Luft sendet. Ihnen gelang dies über eine Distanz von 1 km. Kürzlich führten Harald Weinfurter und Mitarbeiter von der LMU München ein spektakuläres Experiment zur Freiraumkryptographie in den Alpen durch. Sie übertrugen einen geheimen Schlüssel von der Zugspitze zur Karwendelspitze, d. h. über die Distanz von 23,4 km. Es wurden Bitraten im kHz-Bereich erreicht. Die Fehlerrate liegt bei etwa 5 %. Die Vorteile der Lage des Experiments auf einem Berg sind die geringeren Turbulenzen in großer Höhe, die kleinere Absorption und weniger Hintergrundlicht; bei dichten Wolken ist das Experiment allerdings nicht möglich. Ein Foto des Experiments ist in Abb. 20 zu sehen. In neuen Experimenten wird ein Schlüssel über den Dächern von München übertragen. Die langfristige Zukunftsvision der Freiraum-Quantenkryptographie ist der geheime Schlüsselaustausch über Satellit.

Die technologische Herausforderung der Experimente zur Quantenkryptographie liegt vor allem in der Realisierung von echten 1-Photon-Quellen sowie in der Detektion einzelner Photonen. Ist mehr als ein Photon vorhanden, kann Eve einfach mit einem halbdurchlässigen Spiegel ein Photon abzweigen und nach Bekanntgabe der Basis die Polarisation messen. Die genannten Experimente verwenden schwache Laserpulse, die im Mittel aus weit weniger als einem Photon bestehen: meistens ist kein Photon enthalten, manchmal eines und selten zwei oder mehr.

6 QUANTENALGORITHMEN

Ein Algorithmus ist ein methodisches Rechenverfahren – sozusagen ein Rezept, wie man ein gegebenes mathematisches Problem löst. Jeder kennt Algorithmen aus der Schulzeit und verwendet sie im Alltag, auch ohne sich bewusst zu sein, dass es sich um einen Algorithmus handelt. Ein einfaches Beispiel ist das Addieren zweier Zahlen: Man schreibe die Zahlen rechtsbündig untereinander auf ein Blatt Papier und addiere zunächst die Einer, d. h. die beiden am weitesten rechts stehenden Ziffern. Ist das Ergebnis kleiner oder gleich 9, schreibt man es darunter; ist es größer als 9, schreibt man nur die Einerziffer hin und behält die 1 »im Sinn«. Dann verfährt man ebenso mit den beiden nächsten Ziffern (den Zehnern), wobei man gegebenenfalls die vorige 1 »im Sinn« addiert, und so fort. Dieser Algorithmus kann auf die Addition von beliebig vielen Zahlen von beliebiger Länge verallgemeinert werden. Je mehr Ziffern die zu addierenden Zahlen haben, desto länger dauert es naturgemäß. Haben zwei zu addierende Zahlen doppelt so viele Ziffern wie zwei andere, so braucht man für die Rechnung doppelt so viel Zeit: es handelt sich bei dem Additionsverfahren also um einen Algorithmus, dessen Komplexität wie ein Polynom in der Zahl der Ziffern wächst. (Der Begriff der polynomialen Komplexität war bereits im Unterkapitel 1.3 erläutert worden.) Wenn man also auf einem Blatt Papier zwei Zahlen addiert, führt man einen Algorithmus mit polynomialer Komplexität aus.

Es gibt unzählige weitere Algorithmen für schwierigere mathematische Probleme. Klassische Algorithmen benutzen die Methoden der klassischen Physik. Welche Frage liegt nun näher als diejenige, ob man sich wiederum aus der Verwendung von Quantenprinzipien Vorteile verschaffen kann? Die Antwort ist »Ja«. In den folgenden Unterkapiteln werden die wichtigsten heute bekannten Quantenalgorithmen vorgestellt. Von besonderer Bedeutung ist der Algorithmus von Shor, denn er reduziert die Komplexität des Problems der Primzahlzerlegung, d. h. der Zerlegung einer Zahl in nicht mehr weiter teilbare Faktoren (siehe dazu Kapitel 1.3).

Der beste für diese Aufgabe bekannte klassische Algorithmus ist von *exponentieller* Komplexität in der Länge der zu zerlegenden Zahl. Die Zeit, die der Shor-Algorithmus zur Primzahlzerlegung benötigt, wächst jedoch nur *polynomial* mit der Länge der Zahl! Da das wichtige Verschlüsselungsverfahren RSA (siehe Kapitel 5.1) gerade darauf beruht, dass die Primzahlzerlegung exponentiell schwierig ist, käme die Realisierung des Shor-Algorithmus der Entschlüsselung von RSA gleich und wäre daher eine Katastrophe für die moderne Kryptographie – würde nicht die Quantentheorie gleichzeitig eine neue

Verschlüsselungsmethode anbieten, nämlich die Quantenkryptographie, siehe Kapitel 5.3. Gerade diese beiden Ideen – Quantenkryptographie und der Shor-Algorithmus – haben die Quanteninformation besonders vorangetrieben.

Bevor drei wichtige Quantenalgorithmen vorgestellt werden, hier noch eine Vorbemerkung: Will man mit einem Quantencomputer eine Funktion einer Variablen x berechnen, so muss man sich diese Variable »merken«, damit die Bedingung der Unitarität gewahrt bleibt. Es kann die Situation eintreten, dass der Funktionswert zweier Variablen x und y gleich ist, also $f(x)=f(y)$. Dann kann man mit einem Quantencomputer *nicht* einfach die Vorschrift

$$\begin{aligned} |x\rangle &\rightarrow |f(x)\rangle \;, \\ |y\rangle &\rightarrow |f(y)\rangle = |f(x)\rangle \end{aligned} \tag{23}$$

ausführen, denn falls die Eingabezustände $|x\rangle$ und $|y\rangle$ orthogonal sind, müssten ja auch die Ausgabezustände orthogonal sein. Diese Orthogonalität der Ausgabezustände erreicht man einfach, indem man ein zweites »Quantenregister« einführt, in das der jeweilige Funktionswert geschrieben wird. Seinen Anfangszustand kann man frei wählen. Das erste Register bleibt unverändert. Mit dem zweiten Register lautet die Vorschrift nun richtig:

$$\begin{aligned} |x\rangle|0\rangle &\rightarrow |x\rangle|f(x)\rangle \;, \\ |y\rangle|0\rangle &\rightarrow |y\rangle|f(y)\rangle \;. \end{aligned} \tag{24}$$

6.1 Der Deutsch-Jozsa-Algorithmus: faire oder unfaire Münze?

Historisch gesehen ist der 1992 entwickelte Algorithmus von David Deutsch von der Universität Oxford und Richard Jozsa von der Universität Bristol (damals Plymouth) der erste, der deutlich gemacht hat, dass gewisse Aufgaben mit Hilfe der Quantenphysik schneller oder einfacher zu lösen sind als auf klassische Weise.

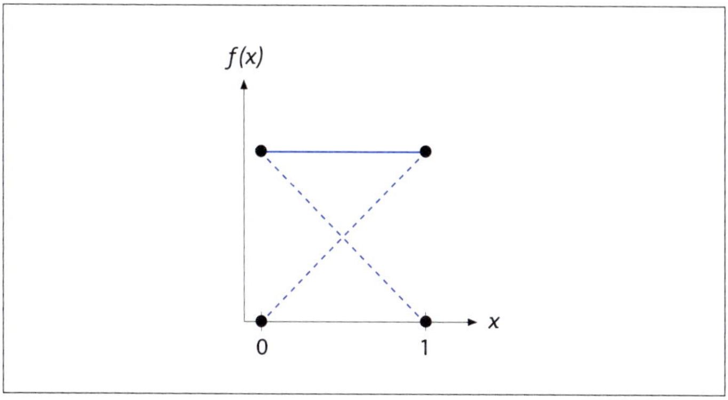

Abb. 21: Konstante Funktion (durchgezogene Linie) oder balancierte Funktion (gestrichelte Linie). Die Boole'sche Funktion ist nur für 0 und 1 definiert, die Linien sind der Deutlichkeit halber hinzugefügt.

Die Aufgabe ist es, eine faire Münze von einer unfairen Münze zu unterscheiden. Eine faire Münze zeigt auf der einen Seite Kopf und auf der anderen Zahl. Eine unfaire Münze trägt entweder auf beiden Seiten Kopf, oder auf beiden Seiten Zahl. Um festzustellen, ob eine gegebene Münze fair oder unfair ist, muss man mit klassischen Methoden einfach beide Seiten ansehen und vergleichen. Quantenmechanisch gelingt es, diese Unterscheidung mit nur *einem* »Blick« auf die »Münze« zu treffen. Hier benutzt man eine Superposition der beiden Seiten.

Mathematisch kann man dieses Problem auf folgende Weise beschreiben: Gegeben sei eine unbekannte Funktion f, die nur auf den Werten 0 und 1 definiert ist. Außerdem kann die Funktion ebenfalls nur die Funktionswerte 0 oder 1 annehmen – es handelt sich um eine so genannte Boole'sche Funktion. Zugegebenermaßen ist f keine besonders interessante Funktion: Es gibt nur vier Möglichkeiten, wie sie aussieht. Zwei davon nennt man »konstant«, die anderen »balanciert«. Konstant ist die Funktion dann, wenn entweder beide Funktionswerte 0 oder beide 1 sind. In den übrigen Fällen ist sie balanciert, d. h. ein Funktionswert ist 0 und der andere 1. Dies ist in Abb. 21 dargestellt. Das Ziel ist nun, mit möglichst wenig Funktionsaufrufen zu bestimmen, ob die unbekannte Funktion konstant oder balanciert ist. Mit klassischen Methoden gibt es keine andere Möglichkeit, als die Funktion sowohl für den Eingabewert 0 als auch für die 1 aufzurufen und die Ergebnisse zu vergleichen. Klassisch werden also zwei Funktionsaufrufe benötigt.

Mit Hilfe der Quantenmechanik kann man aber einen Trick verwenden, so dass die Funktion nur *einmal* aufgerufen werden muss. Er besteht darin, ein zweites Qubit zu Hilfe zu nehmen und die Funktion f auf folgende Weise zu implementieren:

$$|x\rangle|y\rangle \rightarrow |x\rangle|y \oplus f(x)\rangle \ , \tag{25}$$

wobei x und y die Werte 0 und 1 annehmen können. Was bedeutet diese Gleichung? Auf der linken Seite steht der Anfangszustand, der aus zwei Basiszuständen $|x\rangle$ und $|y\rangle$ besteht. Die obige Vorschrift gilt für alle vier möglichen Basiszustände $|0\rangle|0\rangle$, $|0\rangle|1\rangle$, $|1\rangle|0\rangle$ und $|1\rangle|1\rangle$. Da sich *jeder* Anfangszustand als Summe dieser Basiszustände schreiben lässt, ist somit die Entwicklung jedes beliebigen Zustands festgelegt. Rechts steht der Zustand nach der Zeitentwicklung: der erste Teil $|x\rangle$ ist unverändert. Im zweiten Teil wird $f(x)$ zu y addiert, wobei das Zeichen $\oplus$ hier die »Addition modulo 2« bezeichnet. Zur Erinnerung: die vier Möglichkeiten der Addition modulo 2 sind: $0 \oplus 0 = 0$; $0 \oplus 1 = 1$; $1 \oplus 0 = 1$ und $1 \oplus 1 = 0$.

Im Deutsch-Jozsa-Algorithmus wählt man für das erste Qubit die Superposition

$$|\psi_1\rangle = |0\rangle + |1\rangle \tag{26}$$

und für das zweite die Superposition

$$|\psi_2\rangle = |0\rangle - |1\rangle , \tag{27}$$

wobei wir die Normierung $1/\sqrt{2}$ der Einfachheit halber weggelassen haben. Wendet man auf jeden der vier Summanden die Vorschrift aus Gleichung (25) an und führt eine weitere Rotation am ersten Qubit durch, so ist dieses Qubit im Zustand $|f(0) \oplus f(1)\rangle$. Nun sind wir am Ziel: der Ausdruck $|f(0) \oplus f(1)\rangle$ kann nur zwei Werte annehmen, nämlich 0, falls die Funktion *f* konstant ist, und 1, falls sie balanciert ist. Eine Messung des ersten Qubits enthüllt die gesuchte Eigenschaft der Funktion.

Durch diese geschickte Methode hat man also erreicht, dass die Summe der beiden Funktionswerte errechnet wird, ohne dass man jeden einzelnen Funktionswert kennen muss. Dies ist nur mit Hilfe der Quantenmechanik möglich. Für die Ausführung dieses Quantenalgorithmus sind zwar einige Operationen auf den Qubits nötig – aber die Funktion *f* wird, im Gegensatz zum klassischen Fall, nur einmal aufgerufen. Falls es sehr »teuer« ist, die Funktion aufzurufen, bietet dieser Quantenalgorithmus also Vorteile. Das entsprechende Quantennetzwerk für den Deutsch-Jozsa-Algorithmus wird später noch vorgestellt (**Einfache Quantennetzwerke**). S. 96

6.2 Der Shor-Algorithmus: exponentieller Speed-up bei der Primzahlzerlegung

Im Jahr 1994 veröffentlichte Peter Shor von den AT&T Labs-Research in den USA, siehe Abb. 22, einen Quantenalgorithmus zur Primzahlzerlegung einer gegebenen Zahl. Die Zeit, die man mit klassischen Methoden zur Lösung dieses Problems benötigt, wächst exponentiell mit der Zahl ihrer Ziffern an. Zur Zerlegung einer Zahl mit 130 Ziffern braucht man etwa 10^{18} Rechenschritte, d. h. 42 Tage bei 10^{12} Operationen pro Sekunde. Verdoppelt man die Anzahl der Ziffern auf 260, so benötigt man 10^{25} Rechenschritte, die ca. 1 Million Jahre dauern würden. Für praktische Zwecke ist diese Aufgabe daher unlösbar. Die umgekehrte Aufgabe, nämlich die Multiplikation der gegebenen

Abb. 22: Peter Shor von den AT&T Labs Research, USA.

Faktoren, ist dagegen trivial. Gerade diese Asymmetrie wird im RSA-Verschlüsselungsverfahren, siehe Kapitel 5.1, ausgenutzt: Zur Verschlüsselung benutzt man eine öffentlich bekannte große Zahl; zur Entschlüsselung braucht man aber deren Faktoren, die nur dem Empfänger bekannt sind.

Betrachten wir ein einfaches Beispiel zur Primzahlzerlegung: Die Zahl 15 kann in die Primzahlen 3 und 5 zerlegt werden. Die Faktoren der Zahl kann man durch systematisches Probieren herausfinden: man versucht, 15 durch 2 zu teilen, ohne Erfolg, dann durch 3, und in diesem Fall hat man somit einen Faktor gefunden. Sei die zu zerlegende Zahl N: spätestens nach $\sqrt{N}$ systematischen Versuchen hat man ihre Faktoren gefunden. Betrachten wir wieder die binäre Darstellung, so heißt dies aber, dass man für die Primzahlzerlegung einer Zahl mit L Ziffern $2^{L/2}$ Versuche benötigt, d. h. die Dauer dieses simplen Algorithmus wächst exponentiell mit der Länge der Zahl. Der beste bekannte Algorithmus wächst ungefähr wie $e^{L^{1/3}}$. Wie bereits in der Einleitung zu diesem Kapitel erwähnt, nimmt dagegen die Zeit, die Shors Algorithmus zur Primzahlzerlegung benötigt, nur wie ein Polynom in der Zeit zu, genauer gesagt wie L^3.

Es war bereits bekannt, dass sich die Faktorisierung einer Zahl auf die Periodizität einer gewissen Funktion, die natürlich von dieser Zahl abhängen muss, zurückführen lässt. Die Bestimmung der Periode einer Funktion ist aber mit klassischen Mitteln ebenfalls exponentiell schwierig, und so ist nichts gewonnen. Die geniale Erkenntnis von Shor war die Tatsache, dass sich die Periode einer Funktion mit Mitteln der Quantenmechanik leicht, d. h. in polynomialer Zeit, bestimmen lässt.

Dies ist nicht der Ort, um den Shor-Algorithmus in seiner ganzen Komplexität vorzustellen. Aber die wesentlichen Ideen sollen etwas konkreter erläutert werden.

Die Primzahlzerlegung einer Zahl N ist äquivalent zum Auffinden der Periode einer gewissen Funktion. Diese Funktion ist gegeben durch

$$f(x) = a^x \bmod N, \tag{28}$$

wobei a eine beliebige feste Zahl kleiner N ist, die N nicht teilt, und x aus der Menge der natürlichen Zahlen ist, d. h. $x = 1, 2, 3 \ldots$ Der Begriff des Rechnens modulo einer Zahl N, d. h. mod N wurde in Kapitel 5.1 erläutert.

Diese Funktion ist periodisch, d. h. sie nimmt nur eine endliche Zahl von Funktionswerten an, die sich nach einem regelmäßigen Muster wiederholen. Als Beispiel betrachten wir wieder $N = 15$ und wählen $a = 7$, also $f(x) = 7^x \bmod 15$. An der folgenden Tabelle der Funktionswerte erkennt man die Periodizität:

x	1	2	3	4	5	6	...
f(x)	7	4	13	1	7	4	...

In diesem Fall wiederholen sich die Funktionswerte nach 4 Schritten, die Periode ist also $r = 4$.

Wenn man die Periode von $f(x)$ gefunden hat, erhält man Teiler von $N = p \cdot q$ nach der Vorschrift

$$\begin{aligned} p &= ggT(a^{\frac{r}{2}}+1, N) \ , \\ q &= ggT(a^{\frac{r}{2}}-1, N) \ , \end{aligned} \tag{29}$$

wobei $ggT(a^{\frac{r}{2}}+1, N)$ den größten gemeinsamen Teiler von $a^{\frac{r}{2}}+1$ und N bezeichnet. (Der Beweis dieser Aussage stammt aus der Zahlentheorie und wird in **Zahlentheoretische Grundlagen zum Shor-Algorithmus** erklärt.) In unserem Beispiel finden wir S. 109

$$\begin{aligned} p &= ggT(7^{\frac{4}{2}}+1, N) = ggT(50, 15) = 5 \ , \\ p &= ggT(7^{\frac{4}{2}}-1, N) = ggT(48, 15) = 3 \ . \end{aligned} \tag{30}$$

Somit haben wir gezeigt, dass $15 = 5 \cdot 3$. Es bleibt noch zu erwähnen, dass das Auffinden des ggT zweier Zahlen nur von polynomialer Komplexität ist; schon Euklid entwickelte 300 v. Chr. einen Algorithmus dafür.

Im Allgemeinen ist das Auffinden der Periode von $f(x)$ genauso schwierig wie die Primzahlzerlegung selbst. Shor zeigte jedoch, dass man mit Methoden der Quantenphysik die Periode effizient bestimmen kann. Der erste Schritt dazu ist die Initialisierung des Quantenzustands. Will man eine Zahl N faktorisieren, braucht man $2L$ Qubits, wobei L die Anzahl der Stellen der zu faktorisierenden Zahl ist. Die ersten L Qubits werden in einer Superposition aller Zahlen von 1 bis 2^L präpariert. (Eine einfache Methode dazu wird im Kapitel 7.1 vorgestellt.) Die anderen L Qubits bilden das zweite Register, wie in der Einleitung zu Kapitel 6 beschrieben. Es ist anfänglich im Zustand $|0\rangle$. Nach der Initialisierung hat der Quantenzustand somit die folgende Gestalt:

$$|0\rangle|0\rangle \longrightarrow (|1\rangle + |2\rangle + |3\rangle + \ldots + |2^L\rangle)\,|0\rangle \ , \tag{31}$$

wobei wir die Normierung der Einfachheit halber weggelassen haben. Um der einfacheren Lesbarkeit willen benutzen wir hier nicht das Binärsystem, sondern das Zehnersystem. Dies kann man auch unter Verwendung des Summenzeichens Σ kürzer schreiben als

$$|0\rangle|0\rangle \rightarrow \sum_{x=1}^{2^L} |x\rangle|0\rangle \; . \qquad (32)$$

Im zweiten Schritt wird die Funktion $f(x)$ für jedes x berechnet und in das zweite Register geschrieben. Wesentlich ist hier, dass alle Werte *gleichzeitig* berechnet werden, da die Funktion auf eine Superposition wirkt. In nur *einem* Rechenschritt erhalten wir

$$\sum_{x=1}^{2^L} |x\rangle|0\rangle \rightarrow \sum_{x=1}^{2^L} |x\rangle|f(x)\rangle \; . \qquad (33)$$

Hier nutzt man also den Quantenparallelismus, der in Kapitel 3.2 erläutert worden war. Das Problem, die Periode zu finden, ist hiermit jedoch noch nicht gelöst. Es sei noch bemerkt, dass der Zustand auf der rechten Seite von (33) im Allgemeinen verschränkt ist.

Im dritten Schritt wird eine Messung am zweiten Register vorgenommen. Wie wir gleich am Beispiel sehen werden, ist dann das erste Register in einer Superposition aus Zuständen, die gerade die gesuchte Periodizität haben – sie kann nun einfach mit einer so genannten Quantenfouriertransformation bestimmt werden.

Schauen wir uns diese Schritte noch einmal anhand des Beispiels $N = 15$ und $a = 7$ an. Die Initialisierung lautet

$$|0\rangle|0\rangle \rightarrow |1\rangle|0\rangle + |2\rangle|0\rangle + |3\rangle|0\rangle + \ldots \; . \qquad (34)$$

Der Einfachheit halber lassen wir wieder die Normierung weg. Im zweiten Schritt wird die Funktion $f(x)$ in das zweite Register geschrieben, also

$$\rightarrow |1\rangle|7\rangle + |2\rangle|4\rangle + |3\rangle|13\rangle + |4\rangle|1\rangle + |5\rangle|7\rangle + \ldots \; . \qquad (35)$$

Im dritten Schritt wird das zweite Register gemessen. Mit gleicher Wahrscheinlichkeit (da alle Amplituden gleich sind) erhält man die Ergebnisse $|7\rangle$, $|4\rangle$, $|13\rangle$ oder $|1\rangle$. Nehmen wir an, dass das Resultat der

Messung am zweiten Register $|7\rangle$ ist. Dann lautet das erste Register:

$$|\psi_1\rangle \sim |1\rangle + |5\rangle + |9\rangle + \ldots \quad (36)$$

Die vorkommenden Zustände haben die Differenz 4. Dies ist gerade die gesuchte Periode, die sich nun aus dem ersten Register bestimmen lässt.

Die entscheidende Einsicht von Shor war, dass sich die Periodizität als *globale* Eigenschaft in der Wellenfunktion verbirgt. Diese globale Eigenschaft kann man effizient auslesen und erreicht dadurch die dramatische exponentielle Geschwindigkeitssteigerung gegenüber klassischen Verfahren.

6.3 Der Grover-Algorithmus: effiziente Suche nach der Nadel im Heuhaufen

Stellen Sie sich vor, dass Sie einen Zettel mit einer Telefonnummer erhalten haben und unbedingt herausfinden wollen, wer sich hinter dieser Nummer verbirgt. (Sie sind jedoch zu schüchtern, um einfach dort anzurufen.) Wenn Sie die Nummer im Telefonbuch suchen, gibt es keine andere Möglichkeit, als eine nach der anderen zu prüfen, da nur die Namen im Telefonbuch geordnet sind, nicht aber die Nummern. Wenn Sie Glück haben, stoßen Sie bald auf die gesuchte Nummer – wenn Sie Pech haben, müssen Sie bis zum Ende des Telefonbuches suchen. Im Mittel sind $N/2$ Nummern zu prüfen, wobei N die Zahl der Einträge ist.

Lov Grover von den Bell Labs/Lucent Technologies in den USA, siehe Abb. 23, zeigte im Jahr 1996, dass Quantenmechanik bei der Suche in einer ungeordneten Liste – eben der Suche nach der Nadel im Heuhaufen – helfen kann. Er entwickelte einen Algorithmus, bei dem nur $\sqrt{N}$ Schritte nötig sind. Diese Geschwindigkeitssteigerung ist nicht ganz so spektakulär wie diejenige im Shor-Algorithmus, denn der Grover-Algorithmus liegt nicht in einer anderen Komplexitätsklasse

Abb. 23: Lov Grover von den Bell Labs / Lucent Technologies in den USA.

als der beste klassische Algorithmus: Beide wachsen wie ein Polynom mit der Zahl der Listeneinträge. Dennoch ist der Quanten-Suchalgorithmus von großer Bedeutung, da er eine neuartige und schnellere Möglichkeit der Informationsverarbeitung mit Hilfe von Quantenzuständen darstellt.

Die wesentliche Idee des Algorithmus von Grover ist es, mit einer Superposition *aller* Zustände zu beginnen und dann die Amplitude des *gesuchten* Zustands allmählich zu erhöhen, indem eine bestimmte Abfolge von Operationen mehrmals wiederholt wird. Nach einer fest vorgegebenen Anzahl von Iterationen ist die Amplitude des gesuchten Zustands ungefähr 1, d.h. bei einer Messung findet man ihn mit einer Wahrscheinlichkeit, die nahe bei 1 liegt.

Im Einzelnen funktioniert Grovers Rezept wie folgt: Hat die ungeordnete Liste N Einträge, so nehme man L Qubits, wobei $2^L \geq N$. Nehmen wir der Einfachheit halber an, dass $2^L = N$. Die L Qubits werden wieder in einer Superposition von allen Zahlen zwischen 1 und N präpariert. Jeder der Zustände hat die gleiche Amplitude und ist daher gleichwahrscheinlich. Wie bereits in der Einleitung des Kapitels 6

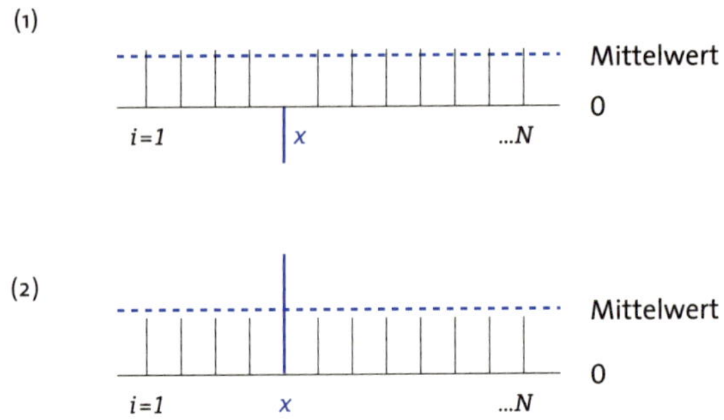

Abb. 24: Der Algorithmus von Grover: (1) Vorzeichenwechsel der Amplitude des gesuchten Zustands, (2) Spiegelung am Mittelwert.

erläutert, benötigt man ein zweites Register. Die anfängliche Wellenfunktion ist also eine Überlagerung von N Termen und lautet:

$$|\psi\rangle = \frac{1}{\sqrt{N}} \sum_{i=1}^{N} |i\rangle|0\rangle \,. \tag{37}$$

In das zweite Register wird nun jeweils der Wert einer Testfunktion $f(i)$ geschrieben, die prüft, ob der entsprechende Zustand $|i\rangle$ der gesuchte ist, nennen wir ihn $|x\rangle$. In diesem Fall ist $f(x)=1$, anderenfalls $f(i)=0$. Das Ausführen der Testfunktion geschieht für *alle* N Möglichkeiten in einem einzigen Schritt, da ja eine Superposition dieser Möglichkeiten vorliegt: hier nutzt man wieder den Quantenparallelismus, ähnlich wie beim Shor-Algorithmus.
Nach Ausführen der Testfunktion ist der Gesamtzustand

$$|\psi\rangle \rightarrow \frac{1}{\sqrt{N}} \sum_{i=1}^{N} |i\rangle|f(i)\rangle \,. \tag{38}$$

An dieser Stelle ist jedoch noch nichts gewonnen, denn bei einer

Messung des zweiten Registers würde man nur mit der Wahrscheinlichkeit $1/N$ den Wert $f(x)=1$ und damit das gesuchte $|x\rangle$ finden. Die schwierige Aufgabe besteht also wiederum darin, den Quantenparallelismus sinnvoll zu nutzen.

Grover fand heraus, dass es mit den folgenden zwei Schritten möglich ist, die Amplitude des gesuchten Zustands zu erhöhen und gleichzeitig alle anderen Amplituden zu erniedrigen:

1. Das Vorzeichen der Amplitude des gesuchten Zustands $|x\rangle$ (also des Zustands, dessen zweites Register den Wert 1 hat) wird geändert.
2. Alle Amplituden werden an ihrem Mittelwert (Durchschnitt) gespiegelt.

Die Wirkungsweise dieser beiden Schritte kann man am besten graphisch veranschaulichen, siehe Abb. 24, in der der Betrag der Amplituden durch die Länge der Striche symbolisiert wird.

Die Schritte (1) und (2) werden nun wiederholt, und jedes Mal wächst die Amplitude von $|x\rangle$ etwas. Man kann sich jedoch überlegen, dass man die Operationen nicht zu oft wiederholen darf: hat die gewünschte Anplitude den Wert 1 erreicht, so wird sie bei erneuter Anwendung der beiden Schritte wieder kleiner, sie oszilliert sinusförmig. Man muss die Operationen also beenden, wenn die Amplitude genau das Maximum erreicht hat, und das geschieht nach $k=\pi\sqrt{N}/4-1/2$ Schritten. Dies ist keine ganze Zahl; daher wählt man die Zahl von Schritten, die k am nächsten liegt, und erreicht so eine sehr hohe Wahrscheinlichkeit, die Nadel im Heuhaufen zu finden.
Die mathematische Erklärung der Details von (1) und (2) würde hier zu weit führen. Eine wichtige Aussage ist jedoch, dass die Komplexität der Implementierung dieser Operationen nur wie $\log N$ mit der Zahl der Einträge wächst. Insgesamt nimmt die Dauer des Algorithmus wie $\sqrt{N}$ zu. Es wurde bewiesen, dass Grovers Algorithmus opti-

Abb. 25: David Deutsch, Universität Oxford, England.

mal ist, d. h. es kann keinen schnelleren Quantenalgorithmus für die Suche in einer ungeordneten Liste geben. Quantenmechanik hilft zwar bei der Suche nach der Nadel im Heuhaufen, aber macht sie nicht vollends leicht.

7 WIE BAUT MAN EINEN QUANTENCOMPUTER?

Bislang ist man von einer Realisierung nutzbarer Quantenalgorithmen und ihrer kommerziellen Umsetzung weit entfernt. Kaum wird der Quantencomputer einmal auf jedem Arbeitstisch stehen – eher schon ist die Anwendung für spezielle Aufgaben, etwa die Faktorisierung großer Zahlen, denkbar.

David Deutsch von der Universität Oxford, siehe Abb. 25, war in den 1980er Jahren ein wichtiger Wegbereiter für die Quanteninformation. Er stellte schon 1985 die Erfordernisse für einen Quantencomputer auf:

Ein Quantencomputer besteht aus N Qubits, mit denen die folgenden Operationen möglich sind:

1. Jedes Qubit kann in einem bekannten Zustand $|0\rangle$ präpariert werden.

2. Jedes Qubit kann in der Basis $\{|0\rangle, |1\rangle\}$ gemessen werden.

3. Quantengatter können auf eine Untermenge der Qubits angewendet werden.

4. Die Qubits entwickeln sich nur aufgrund der angewendeten Quantengatter.

Im Allgemeinen sind der erste und zweite Punkt einfach, der dritte und vierte schwierig zu realisieren. Die Schwierigkeit von 3) liegt darin, Gatter zu realisieren, die Verschränkung erzeugen. Punkt 4) ist nicht einfach zu erreichen, da die **Dekohärenz** immer eine Rolle spielt. S. 90

7.1 Quantengatter

Eine Funktion kann man auf klassische Weise berechnen, indem man logische Gatter geeignet zu einem Netzwerk zusammensetzt und auf die binären Eingabewerte anwendet. Beispiele für klassische logische Gatter sind in Abb. 26 gegeben, zusammen mit ihren Wahrheitstabellen. Betrachten wir beispielsweise das XOR-Gatter (diese Abkürzung steht für »exklusives OR, da dieses Gatter den Fall $11 \rightarrow 1$ des normalen OR ausschließt): wenn die beiden Eingabewerte a und b gleich sind, ist der Ausgabewert »0«, ansonsten »1«. Keines der Gatter mit zwei Eingaben ist umkehrbar, da aus dem Ausgabewert nicht eindeutig der Eingabewert folgt. Jedes klassische Netzwerk kann aus Ein- und Zwei-Bit-Operationen zusammengesetzt werden, z. B. aus NOT- und AND-Gattern.

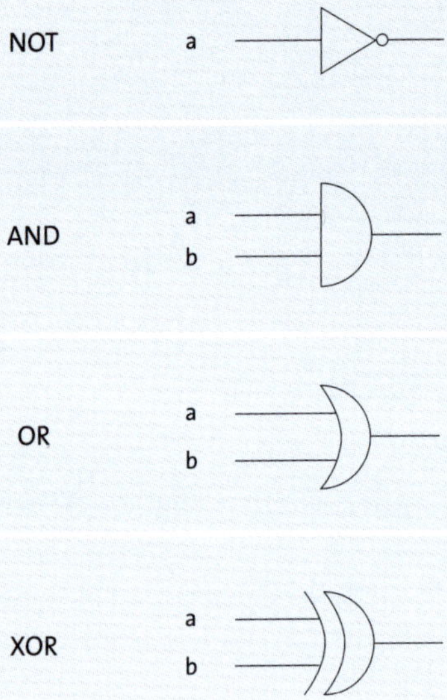

a	f(a)
0	1
1	0

a b	f(a,b)
0 0	0
0 1	0
1 0	0
1 1	1

a b	f(a,b)
0 0	0
0 1	1
1 0	1
1 1	1

a b	f(a,b)
0 0	0
0 1	1
1 0	1
1 1	0

Abb. 26: Klassische Gatter mit ihren Wahrheitstabellen.

In der Quanteninformation kann man eine Funktion mit Hilfe von logischen Quantengattern berechnen. Diese sind die Bausteine, aus denen ein Quantencomputer zusammengesetzt wird. Sie sind in gewisser Weise Verallgemeinerungen klassischer Gatter, müssen aber eine wesentlich andere Eigenschaft haben: Damit die Gesetze der Quantenmechanik erfüllt sind, müssen die Gatter eine unitäre Entwicklung beschreiben (siehe dazu Kapitel 2.1) und daher umkehrbar sein, d. h. jeder Ausgabe muss eindeutig eine Eingabe zugeordnet sein.

Wichtige Quantengatter sind das so genannte Hadamard-Gatter, das Phasengatter und das CNOT-Gatter (Control-NOT). Das Hadamard-Gatter wirkt auf ein Qubit und beschreibt eine Drehung des

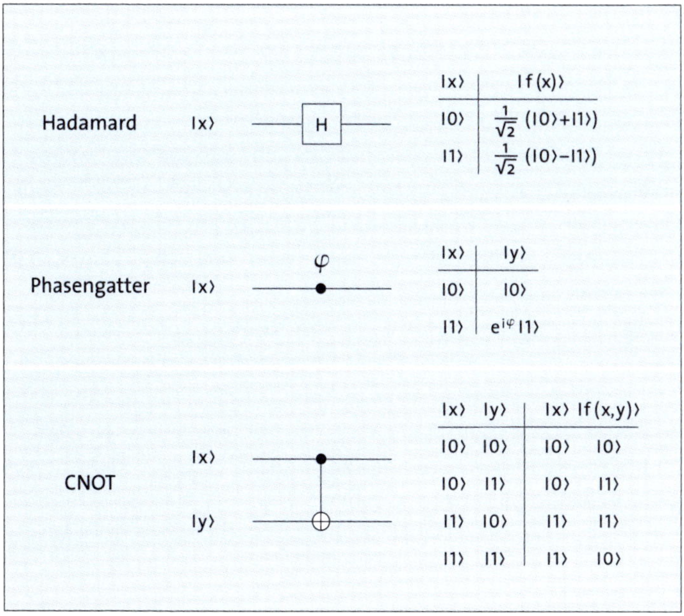

Abb. 27: Quantengatter mit ihren Wahrheitstabellen.

Zustands um 45°. Wendet man das Hadamard-Gatter auf L Qubits an, so erhält man eine Superposition aller möglichen Werte von 1 bis 2^L, wie z. B. für die Initialisierung im Shor-Algorithmus oder Grover-Algorithmus nötig. Das Phasengatter ist ebenfalls ein 1-Qubitgatter und lässt den Basisvektor $|0\rangle$ unverändert, multipliziert aber den Basisvektor $|1\rangle$ mit dem Faktor $e^{i\varphi}$, d. h. mit einer Phase.

Das CNOT-Gatter dagegen wirkt auf 2 Qubits: das erste Qubit heißt »Control«, das zweite »Target«. Ist das erste Qubit im Zustand $|0\rangle$, so bleibt das zweite unverändert. Ist das erste Qubit $|1\rangle$, so wird das zweite »geflippt«, d. h. aus 0 wird 1 und aus 1 wird 0. Dieses Gatter ist sehr viel schwieriger zu realisieren als die 1-Qubit-Gatter, da hier zwei Träger der Quanteninformation auf starke und kontrollierte Weise miteinander wechselwirken müssen. Die Symbole und Wahrheitstabellen dieser drei Gatter sind in Abb. 27 zu sehen. Die Linien in dieser Abbildung sind nicht etwa als Drähte, sondern als Fortschreiten der Zeit aufzufassen. Man erkennt, dass die Quantengatter tatsächlich umkehrbar sind: aus dem Ausgangszustand kann man eindeutig auf den Eingangszustand schließen. Das CNOT ist die Quantenversion des klassischen XOR, wie man am Ausgangszustand des zweiten Qubits sieht, und wird daher auch als Quanten-XOR bezeichnet.

Diese drei Quantengatter sind daher so wichtig, weil sie die Bausteine bilden, aus denen man *alle* möglichen Zeitentwicklungen einer beliebigen Zahl von Qubits zusammensetzen kann. Daher werden sie als »universell« bezeichnet. Will man einen Quantencomputer bauen, muss man also zunächst diese drei Gatter – oder eine andere ebenfalls universelle Kombination von Gattern – realisieren S. 96 können. Aus den Quantengattern setzt man **Quantennetzwerke** zusammen.

7.2 Ionenfallen

Ignacio Cirac und Peter Zoller, siehe Abb. 28, schlugen 1995 an der Universität Innsbruck die Implementation von Quantengattern in Ionenfallen vor. Die elektrisch geladenen Ionen werden durch ein zeitabhängiges elektrisches Feld in einem kleinen Raumbereich gefangen. Durch eine spezielle Anordnung von Potentialen lässt man den Ionen nur in einer Richtung Bewegungsfreiheit und erhält so eine lineare Kette von Ionen, siehe Abb. 29 oben. Sie haben einen mittleren Abstand von etwa 10 Mikrometern, d. h. 1/100 Millimeter, und können einzeln mit einem Laser adressiert werden.

Jedes Ion repräsentiert ein Qubit, wobei die Zustände $|0\rangle$ und $|1\rangle$ inneren Anregungszuständen entsprechen. Zum Beispiel ist $|0\rangle$ der Grundzustand und $|1\rangle$ ein metastabiles angeregtes Niveau. Ein

Abb. 28: Ignacio Cirac (l.) vom Max-Planck-Institut für Quantenoptik in Garching und Peter Zoller von der Universität Innsbruck.

1-Qubit-Gatter erreicht man, indem man ein Ion mit einem Laser der Frequenz, die der Differenz der Energien von $|0\rangle$ und $|1\rangle$ entspricht, für eine bestimmte Dauer bestrahlt.

Um zwei Ionen miteinander wechselwirken zu lassen und so ein 2-Qubit-Gatter wie das CNOT zu realisieren, benutzt man nicht die inneren, sondern äußere Freiheitsgrade der Ionen. Zwischen den Ionen wirkt die elektrostatische Abstoßung, da sie geladen sind. Die Ionen müssen sehr stark gekühlt sein (typischerweise liegt die Temperatur im Bereich von Mikro-Kelvin), damit sie sich in Ruhe befinden. Wenn der Ionen-Kette Energie zugeführt wird, dann schwingt die gesamte Kette. Es gibt verschiedene Schwingungsmoden – entweder schwingen die Ionen alle gemeinsam nach rechts und wieder nach links, oder sie schwingen in entgegengesetzte Richtungen, so dass das mittlere Ion in Ruhe bleibt. Diese kollektive Bewegung der

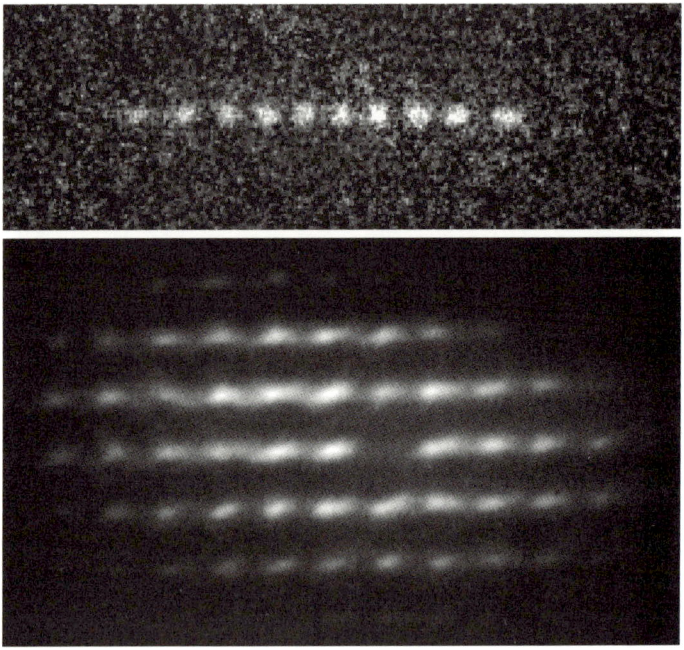

Abb. 29: oben: Ionen in einer Falle – ein Mini-Quantencomputer; unten: Neutrale Atome in einem Gitter aus optischen Mikrofallen: gezieltes Ansprechen einer Falle.

Ionen wird als »Bus« benutzt, um auf diese Weise 2-Qubit-Gatter zwischen beliebigen Ionen zu bilden: Die Anregung des ersten Ions wird auf die Vibrationsbewegung der Kette übertragen; das zweite Ion wird dann so adressiert, dass die Kette ihre Energie an dieses abgibt.

Experimente zur Quanteninformation mit Ionenfallen werden am NIST (National Institute of Standards and Technology) in Boulder (USA), in Innsbruck, Garching, Hamburg und Oxford betrieben. Es gelingt inzwischen, bis zu 10 Ionen auf die beschriebene Art zu kontrollieren. Im Jahr 2003 verwirklichten Rainer Blatt und Mitarbeiter von der Universität Innsbruck den Deutsch-Jozsa-Algorithmus in einer Ionenfalle.

Eine weitere Implementationsidee mit Methoden der Quantenoptik ist die Verwendung von neutralen Atomen, die in optischen Mikrofallen gefangen werden. Experimente dazu gibt es an den Universitäten von Hannover und Bonn. Hier werden Mikrolinsen mit einem Laser bestrahlt; im Fokus des Laserstrahls werden neutrale Atome gefangen. Bestrahlt man ein Gitter solcher Mikrolinsen, so erhält man ein Gitter aus Fallen, die einzeln adressiert werden können – eine vielversprechende Technologie für die Quanteninformation. Indem man die Fallen aneinander annähert, kann man die Atome wechselwirken lassen und auf diese Weise 2-Qubit-Gatter erzeugen. Das Titelbild dieses Buchs zeigt neutrale Atome in einem Gitter aus Mikrofallen im Experiment von Wolfgang Ertmer, Gerhard Birkl und Mitarbeitern an der Universität Hannover. Dass tatsächlich eine einzelne Falle gezielt angesprochen werden kann, ist in Abb. 29 unten gezeigt.

7.3 Kernspinresonanz

Die Kernspinresonanz (oder NMR für *nuclear magnetic resonance*) ist eine Technik, die mit Hilfe der Kernspektren in einem magnetischen Feld die Struktur der chemischen Umgebung eines Moleküls zu bestimmen erlaubt und in diesem Zusammenhang weit entwickelt wurde. Da hier der Spin des Kerns eine zentrale Rolle spielt, ist NMR eine naheliegende Technologie zur Implementation von Quanteninformationsverarbeitung. Die ersten Arbeiten hierzu stammen von D. Cory und Mitarbeitern 1996 sowie N. Gershenfeld und I. Chuang 1997.

Beim Quantencomputing mit NMR werden die Qubits durch Kernspins in einem Molekül realisiert. Atome in diesem Molekül, deren Kern Spin 1/2 haben (beispielsweise Wasserstoffatome), dienen hier als Qubits. Die Spins werden in einem Magnetfeld ausgerichtet.

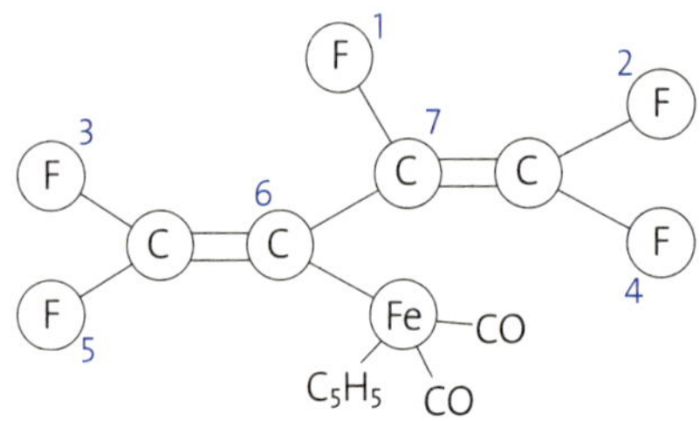

Abb. 30: Struktur des »Quantencomputer-Moleküls«. Die Qubits sind von 1 bis 7 nummeriert.

Energetisch bevorzugt ist die parallele Ausrichtung, die als Zustand $|0\rangle$ des Qubits interpretiert wird. Der Zustand $|1\rangle$ entspricht der antiparallelen Ausrichtung des Spins im Magnetfeld.

Ein wichtiger Unterschied zu anderen Quanteninformations-Technologien ist, dass NMR bei Zimmertemperatur stattfindet. Dies gestaltet das Experiment wesentlich einfacher als andere, die extreme Kühlung benötigen. Jedoch macht diese Tatsache gerade Punkt 1) aus der Liste von Deutsch, die Initialisierung der Qubits, schwierig: Im thermischen Gleichgewicht sind nur wenig mehr Spins parallel als antiparallel ausgerichtet. Mit unterschiedlichen Techniken kann man dennoch eine nutzbare Initialisierung erreichen.

1-Qubit-Operationen sind einfach zu realisieren, da sie zur Routine-Technik in NMR gehören: mittels eines resonanten oszillierenden Felds senkrecht zur Ausrichtung des urspünglichen Magnetfelds wird der Zustandsvektor des Spins gedreht. Die Frequenz des oszillierenden Felds liegt bei etwa 500 MHz, d. h. im Radiowellenbereich – dies entspricht gerade dem Energieunterschied zwischen den beiden

Zuständen, so dass Resonanz erreicht wird. Da sich die Kerne jeweils in etwas anderen chemischen Umgebungen befinden, sind ihre Resonanzfrequenzen leicht unterschiedlich. So kann man die Kerne durch die verschiedene Lage der Resonanzen im Spektrum unterscheiden.

Für die Verwirklichung von 2-Qubit-Gattern wird die Wechselwirkung zweier Spins genutzt: Zwei parallele Spins haben andere physikalische Eigenschaften als zwei antiparallele Spins. Die Kopplung der Spins führt zu einer schnelleren bzw. langsameren Drehung des ersten Spins, falls der zweite parallel bzw. antiparallel ausgerichtet ist. Diese Abhängigkeit der Transformation des einen Qubits vom Zustand des anderen Qubits ist gerade die Idee des Control-NOT, das auf diese Weise verwirklicht werden kann.

NMR-Implementationen sind bisher am erfolgreichsten: es wurden die Algorithmen von Deutsch-Jozsa, Grover sowie Shor implementiert und GHZ- Zustände erzeugt. Bis zu 7 Qubits sind realisiert worden. Das entprechende Molekül, mit dem im Jahr 2001 der Shor-Algorithmus zur Primzahlzerlegung der Zahl 15 von L. Vandersypen und Mitarbeitern experimentell verwirklicht wurde, ist in Abb. 30 gezeigt: Hier werden 5 Qubits durch Fluoratome, und 2 weitere durch Kohlenstoffatome realisiert.

Trotz der überzeugenden bisherigen Erfolge scheint NMR nicht die Technologie der Zukunft zu sein, da es grundsätzliche Skalierungsprobleme gibt. Zum einen ist es schwierig, immer größere Moleküle zu verwenden. Grundlegend einschränkend ist aber die Tatsache, dass die Stärke des Signals exponentiell mit der Zahl der Qubits abnimmt.

7.4 Quantenpunkte

Vielversprechende Implementationsideen für Quantencomputer kommen aus der Festkörperphysik, auch wenn die Realisierung dieser

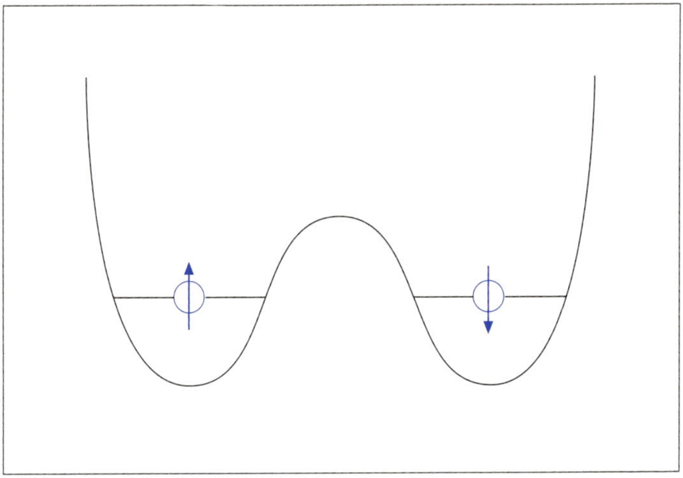

Abb. 31: Einfaches Modell zweier Quantenpunkte.

Ideen noch jenseits heutiger technologischer Möglichkeiten liegt. Man hofft, mit der Weiterentwicklung der Halbleitertechnologie diese zukünftig auch für Quantenrechner verwenden zu können.

Daniel Loss und David DiVincenzo schlugen 1998 vor, Quantenpunkte in Halbleitern als Qubits zu verwenden. Ein Quantenpunkt ist ein kleines Raumgebiet mit einer Ausdehnung von wenigen Kubik-Nanometern, in dem ein einzelnes Elektron eingeschlossen werden kann. Quantenpunkte verhalten sich wie künstliche Atome. Der Spin eines einzelnen Elektrons wird als Qubit genutzt. Mittels eines lokalen Magnetfelds kann der Spin gedreht werden – auf diese Weise konstruiert man 1-Qubit-Gatter. Zwei Spins sind durch eine Potentialbarriere voneinander getrennt. Erniedrigt man diese Barriere, so finden Tunnelprozesse statt, und die beiden Spins wechselwirken miteinander. Durch kontrollierte Änderung der Potentialbarriere kann man im Prinzip 2-Qubit-Gatter verwirklichen. Ein einfaches Modell zweier Quantenpunkte ist in Abb. 31 gezeigt.

Ein weiterer Vorschlag aus der Festkörperphysik stammt von Bruce Kane von der University of New South Wales in Sydney. Er hatte 1998 die Idee, den Kernspin von Phosphoratomen, die sich in einem Silizium-Substrat befinden, als Qubit zu verwenden. Anders als bei der oben beschriebenen Kernspinresonanz sollen hier die Spins einzeln angesprochen werden. Die Kopplung zweier Qubits wird durch Elektronen vermittelt, deren Dichte und Fluss durch auf der Oberfläche befindliche Gates reguliert wird. Sowohl die Dotierung als auch das Messen von einzelnen Kernspins ist jedoch heutzutage noch nicht möglich.

An der Vielfalt der beschriebenen experimentellen Implementationsideen zeigt sich der interdisziplinäre Charakter der Quanteninformation. Auf der theoretischen Seite gilt dies ebenso: Theoretische Physiker, Mathematiker und Informatiker arbeiten gemeinsam an offenen Fragen. Auch dies ist eine Ursache für das wachsende Interesse an diesem jungen Forschungsgebiet.

Es ist schwierig, die zukünftige Entwicklung der Quanteninformation abzusehen. Realistischerweise kann man nicht davon ausgehen, dass es in naher Zukunft einen Quantencomputer mit 100 Qubits geben wird. Weit näher an kommerzielle Anwendungen gerückt ist aber bereits die Quantenkryptographie. Neue Ideen zu **Präzisionsmessungen als Quantentechnologie** bieten ein weiteres wichtiges Potential. *Ein* großer Gewinn aus der Forschung über Quanteninformation ist uns aber jetzt schon sicher: ein tieferes Verständnis der faszinierenden Quanten-Phänomene, die die Natur für uns bereithält. S. 112

VERTIEFUNGEN

Superdichte Kodierung

In Kapitel 3.1 wurde erläutert, dass ein Qubit nur ein Bit an Information tragen kann, obwohl es sich in unendlich vielen verschiedenen Zuständen befinden kann. Diese Aussage ist zwar im Allgemeinen richtig, aber in einer bestimmten Situation kann die Übersendung eines einzigen Qubits *zwei* klassische Bits übertragen. Dies nennt man *superdichte Kodierung*.

Zunächst aber zum Begriff der Kodierung in der klassischen Informationstheorie. Manchmal kann man die in einer Bitfolge enthaltene Information auch ebenso gut mittels einer anderen, kürzeren Bitfolge übersenden. Diese Komprimierung heißt *Quellenkodierung*. Ein einfaches Beispiel dazu ist der Fall, dass eines der Bits immer (also mit der Wahrscheinlichkeit 1) den Wert 0 annimmt. Dann kann man es ebenso gut weglassen, weil es keine Information trägt. Falls ein Bit viel öfter den Wert 0 als den Wert 1 annimmt, ist man fast sicher, es bei einer Messung als 0 zu finden: Die Unsicherheit und damit die enthaltene Information ist klein. Am größten ist die in einem Bit enthaltene Information, wenn beide Werte 0 und 1 gleich wahrscheinlich sind, d. h. man hat maximale Unsicherheit über den tatsächlich angenommenen Wert. Mehrere Bits mit jeweils wenig Information kann man durch weniger Bits ersetzen, die jeweils mehr Information tragen. Das so genannte Quellenkodierungstheorem von Claude Shannon macht eine quantitative Aussage über die mögliche Komprimierung einer gegebenen Bitfolge. Je geringer die Unsicherheit oder Entropie der Quelle, desto kleiner der Informationsgehalt der einzelnen Bits, und desto mehr kann die Folge komprimiert werden.

In der Quantentheorie ist es nun möglich, eine Komprimierung zu erreichen, die jenseits des Theorems von Shannon liegt: Man kann

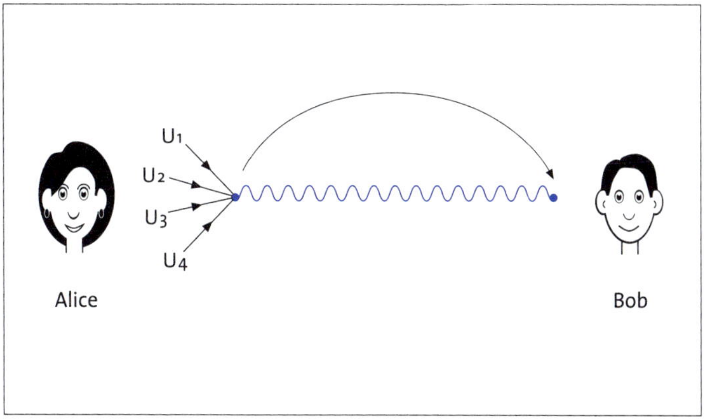

Abb. 32: Superdichte Kodierung.

Verschränkung derart nutzen, dass nur ein Qubit von Alice an Bob gesendet werden muss, um zwei Bits an Information zu übertragen, siehe Abb. 32. Dazu teilen Alice und Bob anfangs einen maximal verschränkten Zustand, z. B.

$$|\psi^-\rangle = \sqrt{\tfrac{1}{2}}(|0\rangle|1\rangle - |1\rangle|0\rangle)\,. \tag{39}$$

Alice besitzt wieder das erste Qubit und Bob das zweite. Nun führt Alice an ihrem Qubit eine von vier möglichen Aktionen aus: Im ersten Fall tut sie nichts, und der Zustand bleibt unverändert. Zweitens kann sie die $|0\rangle$ ungeändert lassen und nur $|1\rangle$ in $-|1\rangle$ überführen. Damit wird aus $|\psi^-\rangle$ der Zustand $|\phi^-\rangle$, siehe Gleichung (22). Drittens kann sie $|0\rangle$ und $|1\rangle$ vertauschen und somit aus $|\psi^-\rangle$ den Zustand $|\phi^-\rangle$ machen (bis auf ein gesamtes negatives Vorzeichen, das keine Bedeutung hat). Und viertens kann sie die beiden Aktionen zwei und drei kombinieren und hiermit aus $|\psi^-\rangle$ den Zustand $|\phi^+\rangle$ erzeugen.

Nennen wir diese vier möglichen Rotationen U_1, U_2, U_3 und U_4. Nachdem Alice eine von ihnen durchgeführt hat, schickt sie ihr ein-

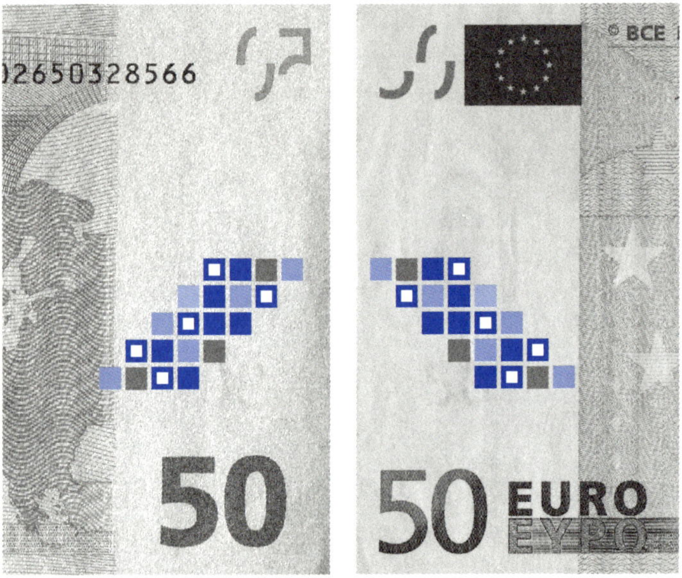

Abb. 33: Quanten-Banknote nach der Idee von S. Wiesner.

zelnes Qubit an Bob. Dieser macht nun eine Messung an *beiden* Qubits, um festzustellen, welchen der vier möglichen Zustände er erhalten hat. In dem einen verschränkten Qubit von Alice waren also zwei Bits an Information enthalten.

Fälschungssichere Banknoten

Stephen Wiesner war seiner Zeit voraus, als er 1969 die Möglichkeit fälschungssicherer »Banknoten« vorschlug, siehe Abb. 33. Seine Idee war dieselbe, die der Sicherheit der Quantenkryptographie im Protokoll von Bennett und Brassard im Jahr 1984 zugrunde liegt, nämlich die Unmöglichkeit, zwei nicht-orthogonale Quantenzustände voneinander zu unterscheiden.

Eine fälschungssichere Banknote besteht nach Wiesner aus einem Geldschein mit einer Nummer sowie einer kleinen Anzahl von Photonen, sagen wir etwa 20. Die Photonen sind einzeln in kleinen Zellen gefangen (hier sieht man, dass dieser Vorschlag weit von einer Verwirklichung entfernt ist) und zufällig in einer von vier möglichen Richtungen polarisiert. Wie in der Quantenkryptographie sind dies die vertikale und horizontale Richtung sowie 45° und 135°. Die Bank hat Buch darüber geführt, welches Photon in der geraden und welches in der schrägen Basis zu messen ist und kann daher leicht prüfen, ob es sich um eine echte Banknote handelt.

Ein Fälscher, der die Banknote kopieren will, steht jedoch vor einer unmöglichen Aufgabe: das No-Cloning-Prinzip verbietet ihm, eine perfekte Kopie der Photonen zu machen, ohne zu wissen, in welchen Fällen er welche Basis benutzen muss. So wird er nach den Gesetzen der Quantenphysik notwendigerweise Fehler bei der Kopie machen. Eben dies ist auch der Grund für die Sicherheit in der Quantenkryptographie, die den großen Vorteil gegenüber Wiesners Vorschlag hat, dass man sie experimentell verwirklichen kann.

Quantenkryptographie mit Verschränkung

Eine etwas andere Idee als in der Quantenkryptographie mit einzelnen Quantenzuständen, siehe Kapitel 5.3, liegt dem 1991 von Artur Ekert (siehe Abb. 34) an der Universität Oxford entwickelten Protokoll für Schlüsselübertragung mit verschränkten Zuständen zugrunde. Hier haben Alice und Bob einen Vorrat von Bell-Zuständen wie in Gleichung (8) zur Verfügung, die sie im Idealfall so lange aufbewahren können, bis sie einen gemeinsamen Schlüssel benötigen. Erst dann machen sie entsprechende Messungen an den Quantenzuständen und erstellen so den Schlüssel. (Technisch ist dies heutzutage kaum realisierbar, da man Photonen weniger als eine Sekunde lang speichern kann.) Ein weiterer theoretischer Vorteil ist, dass im

Abb. 34: Artur Ekert, nun Universität Cambridge, England.

Prinzip *eine* Quelle (z. B. eine Bank) im Besitz der verschränkten Paare sein und sie bei Bedarf verteilen kann. Brauchen zwei Kunden einen geheimen Schlüssel, so bekommt jeder von ihnen ein Teilsystem eines verschränkten Paares. Alle Kunden, die über eine Glasfaser mit der Quelle verbunden sind, können also miteinander kommunizieren, ohne dass sie jeweils untereinander verbunden sein müssen.

Zur Schlüsselerstellung messen wiederum beide Partner entweder in der geraden oder in der schrägen Basis, wobei jeder die Wahl zufällig trifft und beide Basen gleich wahrscheinlich sind. Wie wir in Kapitel 2.3 gesehen haben, sind die Ergebnisse dann völlig korreliert, wenn beide dieselbe Basis benutzen, ansonsten sind sie unkorreliert. Wiederum benutzen die beiden also ein normales Telefon, um die brauchbaren Fälle auszuwählen.

Im Ekert-Protokoll können Alice und Bob aber die unbrauchbaren Fälle, in denen sie verschiedene Basen gewählt haben, dennoch sinnvoll verwenden: Sie können mit ihnen einen Test der Bell-Ungleichung durchführen, siehe Kapitel 2.4. Falls sie dabei herausfinden, dass die Bell-Ungleichung verletzt ist, sind sie sicher, dass ein Spion die ursprünglichen Quantenkorrelationen nicht zu sehr zerstört hat und dass sie einen sicheren Schlüssel erstellen können. Falls die Bell-Ungleichung aber erfüllt ist, hat das System zu viel Quantenverschränkung verloren – Eve hat eine zu große Störung eingeführt. Die Störung könnte natürlich auch andere Ursachen haben, etwa Rauschen in der Apparatur. Für grundsätzliche Sicherheitserwägungen muss man aber den schlimmsten Fall annehmen, also das Mithören eines Lauschers.

Die Ideen, die diesen beiden vorgestellten Quantenkryptographie-Protokollen zugrunde liegen, sind etwas unterschiedlich: Während bei der Schlüsselübertragung mit einzelnen Quantenzuständen ein Photon von Alice zu Bob gesendet wird, das auf dem Weg einem Lauschangriff ausgesetzt ist, kommt die Information bei der Schlüsselübertragung mit verschränkten Zuständen dadurch zustande, dass beide eine Messung machen. Wenn der Spion keinen Zugang zum Labor von Alice und Bob hat, kann er höchstens so tun, als sei er die Quelle der verschränkten Paare. Stellt Eve aber Alice und Bob einen maximal verschränkten Zustand zur Verfügung, so hat sie keinerlei Information über den Schlüssel. Sie kann nur dann etwas Information erhalten, wenn sie einen nicht maximal verschränkten Zustand sendet (**Verschränkungstheorie**). Dies können Alice und Bob S. 100
aber wiederum durch einen Test der Bell-Ungleichung herausfinden und so Eve entlarven.

Die Schlüsselerstellung mit verschränkten Zuständen ist technisch viel komplizierter als mit einzelnen Photonen. John Rarity und Paul Tapster von der britischen Militärforschungsbehörde begannen 1991 mit Experimenten hierzu. Anton Zeilinger und Mitarbeiter von der Universität Wien realisierten im Jahr 1999 Quantenkryptographie mit polarisationsverschränkten Photonen über eine Distanz von 360 Metern und erreichten Bitraten von bis zu 800 Bits pro Sekunde bei einer Fehlerrate von etwa 3 %.

Dekohärenz

Das größte Hindernis für die Implementation von Quanteninformationsverarbeitung ist die Dekohärenz. Sie kommt durch die Wechselwirkung des Quantensystems mit seiner Umgebung zustande – kein physikalisches Objekt ist völlig isoliert. Im Gegenteil ist es ja notwendig, den Quantenzustand gezielt von außen zu adressieren, etwa durch einen Laser bei den Ionenfallen, oder durch magnetische Felder bei der Kernspinresonanz. Solche Operationen können aber die benachbarten Qubits beeinflussen und somit Fehler hervorrufen.

Ganz allgemein kann die Wechselwirkung eines Qubits mit seiner Umgebung durch eine *gemeinsame* unitäre Entwicklung beschrieben werden. Betrachten wir ein Qubit, das anfänglich im Zustand $|0\rangle$ ist. Der Anfangszustand der Umgebung wird durch $|E\rangle$ symbolisiert. Selbst wenn man kein Quantengatter auf das Qubit anwendet, wird sich der Gesamtzustand von Qubit und Umgebung im Laufe der Zeit verändern – nennen wir den neuen Zustand der Umgebung $|E_0\rangle$:

$$|0\rangle|E\rangle \rightarrow |0\rangle|E_0\rangle \ . \qquad (40)$$

Analog gilt für den anfänglichen Qubit-Zustand $|1\rangle$ die Entwicklung

$$|1\rangle|E\rangle \rightarrow |1\rangle|E_1\rangle \ . \qquad (41)$$

Startet man nun mit einer Superposition von $|0\rangle$ und $|1\rangle$, so findet man

$$(|0\rangle + |1\rangle)\,|E\rangle \rightarrow |0\rangle|E_0\rangle + |1\rangle|E_1\rangle \ , \qquad (42)$$

wobei wir wieder den Normierungsfaktor $1/\sqrt{2}$ weggelassen haben. Während anfänglich die beiden Zustandsvektoren $|0\rangle$ und $|1\rangle$ einfach addiert wurden – man spricht von einer *kohärenten* Überlagerung oder von einem *reinen* Zustand des Qubits –, ist dies nach der gemeinsamen Entwicklung mit der Umgebung nicht mehr der Fall.

Betrachtet man nun nur das Qubit alleine, so findet man, dass seine Kohärenz verlorengegangen ist: Statt einer Superposition zweier Werte findet man ein statistisches Gemisch aus diesen; das Qubit ist nicht mehr in einem reinen Zustand, sondern es ist in einen so genannten *gemischten* Zustand übergegangen. Diesen Übergang nennt man Dekohärenz.

Den Unterschied zwischen einem reinen und einem gemischten Zustand kann man folgendermaßen verstehen: Bleiben wir bei den polarisierten Photonen aus der Quantenkryptographie. Eine Quelle, die immer Photonen aussendet, die in der schrägen Basis polarisiert sind (d.h. eine Superposition aus senkrechter und horizontaler Polarisation), produziert einen reinen Zustand. Eine Quelle, die dagegen mit gleicher Wahrscheinlichkeit entweder ein Photon mit senkrechter oder eines mit waagerechter Polarisation aussendet, liefert ein statistisches Gemisch, eben manchmal ein senkrecht polarisiertes Photon und manchmal ein waagerechtes. Durch geschickte Messungen kann man herausfinden, welche dieser beiden Quellen vorliegt. Um diese verschiedenen Situationen mathematisch zu beschreiben, muss man die so genannte *Dichtematrix* des Qubits angeben. Sie enthält die gesamte Information über den Quantenzustand.

Erinnert man sich an die Form eines verschränkten Zustands aus Kapitel 2.3, so ist sofort klar, dass die rechte Seite der Gleichung (42) einen verschränkten Zustand zwischen Qubit und Umgebung darstellt. Leider ist dies eine unkontrollierte Art von Verschränkung, die daher nicht nutzbar ist – im Gegenteil: Wenn man die gemeinsame Entwicklung von *zwei* Qubits und ihrer Umgebung ansieht, so gilt wiederum, dass jeder Term einer Superposition der Qubits an einen unterschiedlichen Zustand der Umgebung koppelt. Die beiden Qubits sind nach der gemeinsamen Entwicklung mit der Umgebung verschränkt. Ein Quantensystem kann aber nicht gleichzeitig mit einem zweiten sowie ebenfalls mit einem dritten Quantensystem maximal verschränkt sein. Falls also die beiden Qubits anfänglich maximal verschränkt waren, sind sie es nach der Kopplung an die Umgebung nicht mehr: die Dekohärenz hat ihre Verschränkung vermindert oder sogar ganz zerstört.

Die Zahl der möglichen Quantenoperationen in einem gegebenen physikalischen System hängt vom Verhältnis der Dekohärenzzeit zu der Zeit ab, die zur Durchführung eines logischen Gatters benötigt wird. Für die besprochenen Implementationsmöglichkeiten sind folgende Zeiten charakteristisch:

System	t (Gatter)	t (Dek.)	Rate
Ionenfallen	10^{-14}	10^{-1}	10^{13}
Kernspins (NMR)	10^{-3}	10^{4}	10^{7}
Quanten-punkte	10^{-6}	10^{-3}	10^{3}

Quantenfehlerkorrektur

Glücklicherweise bedeutet das Problem der Dekohärenz nicht, dass Quantencomputer prinzipiell unmöglich zu realisieren sind. Auch in der klassischen Informationstheorie muss man mit Fehlern leben (hier sind allerdings nur Bitflips möglich, also 0→1 oder 1→0). Eine einfache Möglichkeit der klassischen Fehlerkorrektur ist das redundante Kodieren. (Die Idee ist dieselbe, wie wenn man in einer lauten Umgebung einem Gesprächspartner den gleichen Satz mehrmals wiederholt.) Im so genannten *Wiederholungscode* wird ein Bit in einem Code-Wort kodiert, das aus drei gleichen Bits besteht. Aus dem Bit 0 wird also das Code-Wort 000, und aus 1 das Code-Wort 111. Auf diese Weise kann man das Auftreten eines einzelnen Bitflips korri-

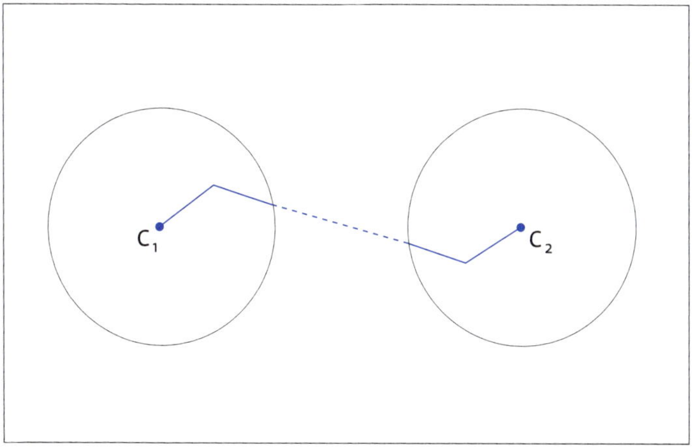

Abb. 35: Code zum Korrigieren von 2 Fehlern: die Code-Wörter c_1 und c_2 befinden sich im Mittelpunkt einer Kugel, die alle Wörter mit dem Hamming-Abstand 2 enthält.

gieren: Erhält der Empfänger beispielsweise das Wort 010, so trifft er die Mehrheitsentscheidung »0« und nimmt an, dass das zweite Bit falsch ist. Dieses einfache Verfahren ist dann besser als gar keine Kodierung, wenn die Wahrscheinlichkeit für ein Bit, geflippt zu werden, kleiner als 0.5 ist.

Im obigen Beispiel kann man einen einzelnen Fehler eindeutig erkennen und korrigieren, da die beiden Code-Wörter 000 und 111 sich in drei Stellen unterscheiden: Sie haben den so genannten *Hamming-Abstand* drei. Der Hamming-Abstand zweier Code-Wörter ist gleich der Zahl der Bits, in denen sie sich unterscheiden. Würden sich die Code-Wörter nur in zwei Stellen unterscheiden, so wäre es nicht möglich, einen Fehler zweifelsfrei zu korrigieren. Falls man beispielsweise die Code-Wörter 00 und 11 gewählt hat, und der Empfänger das Wort 01 erhält, weiß er nämlich nicht, ob das erste oder das zweite Bit falsch ist.

Klassische Hamming-Codes bestehen aus einer Menge von Code-Wörtern, die so gewählt sind, dass beim Auftreten einer bestimmten maximalen Anzahl x von Fehlern der Empfänger trotzdem das ursprünglich gesendete Wort zweifelsfrei bestimmen kann. D.h. der Hamming-Abstand der Code-Wörter muss mindestens gleich $2x+1$ und somit groß genug für die eindeutige Identifizierung der Fehler sein. Die mögliche Anzahl von Code-Wörtern bei gegebener Länge der Wörter ist durch diese Bedingung begrenzt. Betrachten wir einen Code, der zwei Fehler korrigieren kann. Wie in Abb. 35 veranschaulicht, kann man sich jedes Code-Wort als Zentrum einer Kugel mit dem Radius zwei vorstellen: die Kugel gibt an, welche anderen Strings durch einen Fehler erreicht werden können. Damit ein fehlerhaftes Wort eindeutig einem Code-Wort zugeordnet werden kann, dürfen sich die Kugeln nicht überschneiden. Bei der Konstruktion eines »guten« Codes kommt es nun darauf an, die Code-Wörter möglichst dicht im Raum aller Wörter anzuordnen.

Eine Methode zur Bestimmung des Fehlers besteht in dem so genannten Paritätstest. Zur Erinnerung: Gerade Parität hat ein Wort dann, wenn es eine gerade Anzahl von Einsen enthält, andernfalls ist die Parität ungerade. Der Paritätstest besteht darin, mehrere bestimmte Untermengen der Bits auszuwählen und deren Parität zu bestimmen. Die Code-Wörter sind gerade so gewählt, dass dieser Test einen eindeutigen Rückschluss auf den entstandenen Fehler zulässt, den man somit korrigieren kann.

Einige der eben vorgestellten Ideen der klassischen Fehlerkorrektur kann man auf die Quantenfehlerkorrektur übertragen. Es gibt jedoch wichtige Unterschiede:

- Es kann nicht nur *ein* Fehler (der Bitflip) auftreten, sondern *drei* unabhängige Fehler sind möglich: der Bitflip, der Phasenfehler (bei ihm bleibt $|0\rangle$ unverändert, aber $|1\rangle$ geht in $-|1\rangle$ über), und der kombinierte Flip und Phasenfehler.

- Die Verschränkung mit der Umgebung führt zu Dekohärenz.
- Da eine Messung des Zustands denselben stören würde, muss man den Fehler ohne Messung am eigentlichen Zustand herausfinden.

Diese Schwierigkeiten kann man mit den folgenden Ideen lösen: Als Code-Wörter benutzt man verschränkte Zustände und verteilt auf diese Weise die Information über alle Qubits. Die Code-Wörter sind dabei wiederum so gewählt, dass man einem fehlerbehafteten Endzustand auf eindeutige Weise das entsprechende Code-Wort zuordnen kann. Den Fehler stellt man wieder durch einen Paritätstest fest. Das Ergebnis dieses Tests wird aber in einen zusätzlichen Hilfszustand geschrieben (ein weiteres Register, wie etwa im Shor-Algorithmus in Kapitel 6.2). Dieser Hilfszustand wird auch als Ancilla bezeichnet. Dann wird eine Messung an diesem Hilfsregister ausgeführt. Das Ergebnis der Messung verrät den Fehler, den man daraufhin im eigentlichen Zustand korrigieren kann.

Das ist ein wunderbares Konzept, aber funktioniert es auch in der Realität, wenn die für die Fehlerkorrektur benutzten Quantengatter selbst fehlerhaft sind? Führt man durch die zusätzlichen Operationen nicht mehr Fehler ein, als man korrigiert? Breiten sich diese Fehler in einem komplizierten Netzwerk nicht aus und infizieren auch zuvor fehlerlose Bereiche? John Preskill vom California Institute of Technology zeigte 1998, dass dies nicht der Fall ist, wenn man die Ancillas geschickt einsetzt. Damit gelangt man zur so genannten fehlertoleranten **Quantenfehlerkorrektur**, die eben auch unter realistischen Voraussetzungen erfolgreich ist. S. 92

Einfache Quantennetzwerke

Jedes Quantennetzwerk kann aus einfachen Quantengattern zusammengesetzt werden. Eine universelle Kombination von Quantengattern wurde in Kapitel 7.1 vorgestellt.

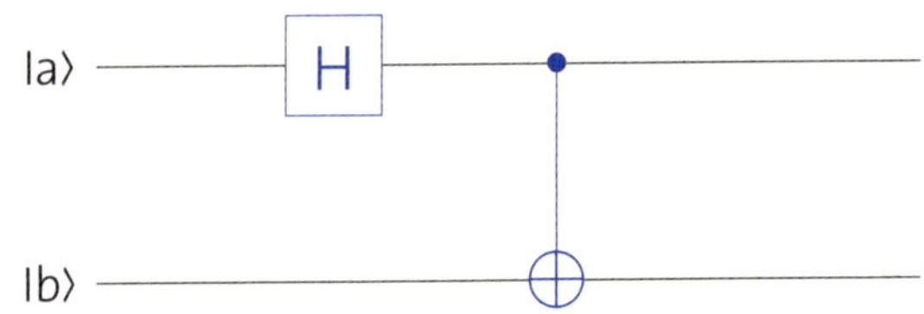

Abb. 36: Quantennetzwerk zur Erzeugung oder Messung von Bell-Zuständen.

Die Funktion und Bedeutung des Hadamard-Gatters und des CNOT-Gatters versteht man anhand des einfachen Zwei-Qubit-Netzwerks zur Erzeugung von Bell-Zuständen, das in Abb. 36 dargestellt ist.

Wie wirkt dieses Netzwerk auf zwei Basiszustände als Eingabe? Betrachten wir den Fall, dass beide Qubits anfänglich im Zustand $|0\rangle$ sind, d.h. $|\psi_0\rangle = |0\rangle|0\rangle$. Das Hadamard-Gatter verändert nur das erste Qubit, so dass nach seiner Ausführung der Gesamtzustand $|\psi_1\rangle = (|0\rangle + |1\rangle)|0\rangle$ ist. (Die Normierung $1/\sqrt{2}$ lassen wir wieder der Einfachheit halber weg.) Dies kann man auch als $|\psi_1\rangle = |0\rangle|0\rangle + |1\rangle|0\rangle$ schreiben. Das CNOT kehrt nur dann das zweite Qubit um, wenn das erste im Zustand $|1\rangle$ ist. Wenn das erste Qubit $|0\rangle$ ist, bleibt das zweite ungeändert. Daher lautet der Gesamtzustand nach dem CNOT-Gatter $|\psi_2\rangle = |0\rangle|0\rangle + |1\rangle|1\rangle$. Dies ist gerade der Bell-Zustand $|\phi^+\rangle$, ein maximal verschränkter Zustand.

Die anderen drei möglichen Eingabe-Kombinationen aus Basiszuständen lauten $|0\rangle|1\rangle$, $|1\rangle|0\rangle$ und $|1\rangle|1\rangle$. Auf dieselbe Weise wie oben beschrieben findet man, dass die Wirkung des obigen Netzwerks $|0\rangle|1\rangle \rightarrow |\psi^+\rangle$ sowie $|1\rangle|0\rangle \rightarrow |\phi^-\rangle$ und schließlich $|1\rangle|1\rangle \rightarrow |\psi^-\rangle$ ist. Die vier möglichen Eingabezustände führen also auf die vier Bell-Zustände als Ausgabezustände.

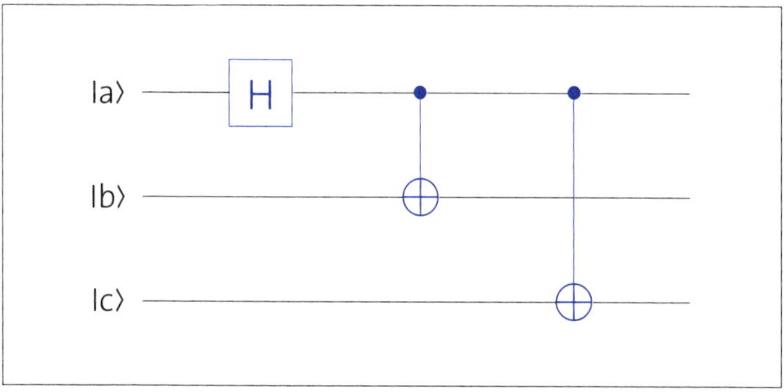

Abb. 37: Quantennetzwerk zur Erzeugung oder Messung von GHZ-Zuständen.

Liest man nun dasselbe Netzwerk von rechts nach links, so beschreibt es eine Bell-Messung: beginnt man mit dem Zustand $|\phi^+\rangle$, lässt auf ihn das CNOT wirken und danach das Hadamard auf das erste Qubit, so erhält man natürlich den Zustand $|0\rangle|0\rangle$ – denn alle Quantengatter sind ja reversibel, und somit auch eine Kombination von Quantengattern. Ist also einer der vier Bell-Zustände gegeben und man möchte herausfinden, welcher von ihnen vorliegt, so kann man obiges Netzwerk von rechts nach links laufend verwenden und am Ende die beiden Qubits messen. Sie befinden sich nun in einem der vier möglichen Produktzustände aus Basiszuständen. Aus dem Messergebnis kann man eindeutig auf den ursprünglichen Bell-Zustand schließen. Mißt man beispielsweise $|1\rangle|1\rangle$, so hatte der Bell-Zustand $|\psi^-\rangle$ vorgelegen. Eine Bell-Messung ist wichtiger Bestandteil der Quantenteleportation, wie in Kapitel 4 am Beispiel von Bob und Alice und der experimentellen Realisierung von Anton Zeilinger erläutert. Die experimentelle Verwirklichung einer vollständigen Bell-Messung (d.h. einer Messung, die alle vier Bell-Zustände detektieren kann), ist aber keineswegs einfach, und nur mit linearen optischen Elementen wie Strahlteilern, Spiegeln und Polarisationsfiltern sogar unmöglich, siehe Kapitel 4.2.

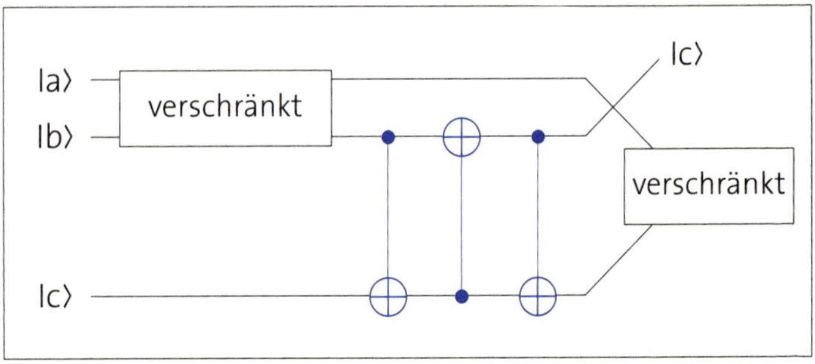

Abb. 38: Quantennetzwerk zum Verschränkungstransfer.

Dieses Netzwerk kann man auf einfache Weise auf mehr als zwei Qubits verallgemeinern. In Abb. 37 ist ein Netzwerk zur Produktion von GHZ-Zuständen aus drei Qubits, siehe Kapitel 2.3, angegeben.

Betrachtet man den Eingabezustand $|0\rangle|0\rangle|0\rangle$, so stellt man fest, dass dieses Netzwerk ihn wie folgt transformiert (wiederum ohne Normierung):

$$\begin{aligned} |0\rangle|0\rangle|0\rangle &\xrightarrow{H} (|0\rangle + |1\rangle)\,|0\rangle|0\rangle \\ &\xrightarrow{CNOT_1} |0\rangle|0\rangle|0\rangle + |1\rangle|1\rangle|0\rangle \\ &\xrightarrow{CNOT_2} |0\rangle|0\rangle|0\rangle + |1\rangle|1\rangle|1\rangle \end{aligned} \qquad (43)$$

Die anderen 7 Eingabemöglichkeiten führen auf 7 weitere GHZ-Zustände. Auch dieses Netzwerk kann man umgekehrt (von rechts nach links) einsetzen und erhält dann eine GHZ-Messung.

Eine einfache Kombination von CNOT-Gattern erlaubt es, die Zustände zweier Qubits auszutauschen und dadurch auch Verschränkung vom Paar AB zum Paar AC zu transferieren. Dies ist in Abb. 38 gezeigt.

Nehmen wir an, dass A und B anfangs verschränkt sind, während C weder mit A noch mit B verschränkt ist. Das erste CNOT hat B als Kontroll- und C als Target-Qubit, das zweite CNOT dagegen C als Kontroll- und B als Target-Qubit. Schließlich folgt ein drittes CNOT in

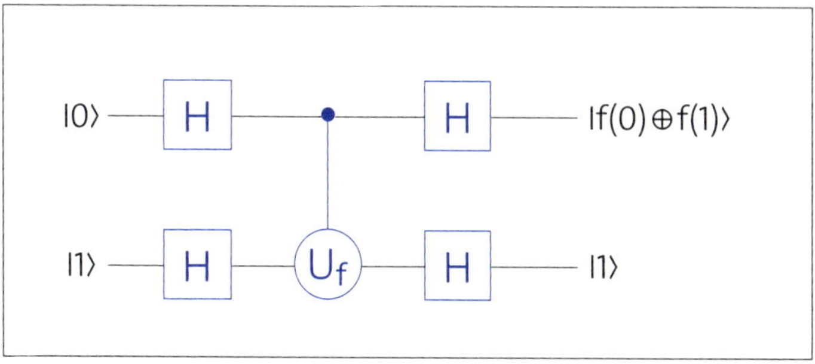

Abb. 39: Quantennetzwerk zum Deutsch-Josza-Algorithmus.

gleicher Anordnung wie das erste. Es zeigt sich, dass mit dieser Sequenz die Qubits B und C ausgetauscht werden. Somit ist die Verschränkung von AB nach AC transferiert worden, und B ist nun im anfänglichen Zustand von C.

In Kapitel 6.1 wurde der Deutsch-Jozsa-Algorithmus beschrieben, bei dem man mit nur einem einzigen Funktionsaufruf feststellen kann, ob eine Funktion konstant oder balanciert ist. Bezeichnen wir den Funktionsaufruf aus Gleichung (25) als U_f, so hat das zugehörige Quantennetzwerk die Gestalt wie in Abb. 39. Wie bereits in Kapitel 6.1 erklärt, erhält man als Ausgabe dieses Netzwerks die Summe der beiden Funktionswerte, so dass man die Funktion nur einmal aufrufen muss.

Eine einfache Frage lautet: Wie addiert man zwei Zahlen mit einem Quantencomputer? Das zugehörige Quantennetzwerk ist in Abb. 40 gegeben. Das erste der beiden Gatter heißt Toffoli-Gatter. Es hat zwei Kontroll-Qubits und ein Target-Qubit: Wenn beide Kontroll-Qubits gleich $|1\rangle$ sind, wird das Target-Qubit geflippt. Ansonsten bleibt es unverändert. Man kann leicht nachprüfen, dass in der zweiten Ausgabe-Qubit des Addier-Netzwerks die Summe der beiden ersten Eingaben modulo 2 steht, und dass das dritte Ausgabe-Qubit den »Übertrag« im Binärsystem enthält.

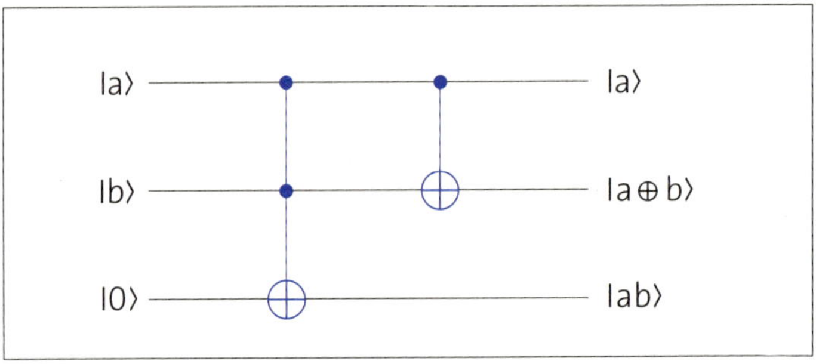

Abb. 40: Quantennetzwerk zum Addieren.

Verschränkungstheorie

Im Kapitel 2.3 wurde anhand des Beispiels in Gleichung (8) erläutert, was ein verschränkter reiner Zustand ist: Ein reiner Zustand eines zusammengesetzten Quantensystems, der sich nicht als Produktzustand der Teilsysteme schreiben lässt. Dabei wurde bereits erwähnt, dass der angegebene Zustand *maximal* verschränkt ist: Eine Messung von Alice und Bob führt in jeder Basis zu einer perfekten Korrelation. Dies ist nicht mehr der Fall, wenn die Koeffizienten der beiden Terme ungleich sind, wie in der allgemeinen Superposition

$$|\psi\rangle = \alpha|01\rangle + \beta|10\rangle \qquad (44)$$

mit $|\alpha|^2 + |\beta|^2 = 1$. Je mehr die Koeffizienten α und β von $1/\sqrt{2}$ abweichen, desto geringer ist die Verschränkung. Das Produkt der Koeffizienten, genauer gesagt $E = 2|\alpha\beta|$, ist ein Maß für die Verschränkung, siehe Abb. 41.

Im Allgemeinen ist es aber selbst für reine Zustände eine keineswegs triviale Aufgabe, ein sinnvolles Verschränkungsmaß zu definieren. Schon für drei Qubits ist diese Frage nicht eindeutig zu beantworten. Wie bereits in Kapitel 2.3 erwähnt, gibt es hier verschiedene »Qualitäten« von Verschränkung: Bei einem so genannten GHZ-Zu-

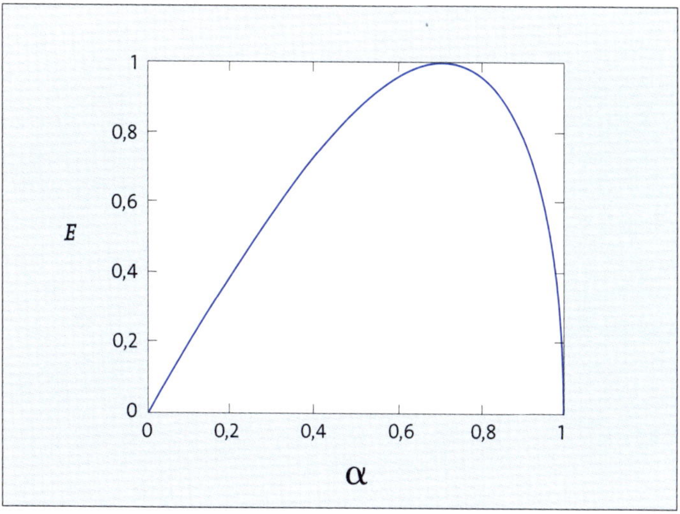

Abb. 41: Verschränkungsmaß als Funktion des Koeffizienten α.

stand sind zwar alle drei Teilchen miteinander verschränkt. Verliert man aber eines von ihnen, so sind die anderen nicht mehr verschränkt. Bei einem W-Zustand dagegen sind die zwei verbleibenden Systeme noch verschränkt. Welchen dieser beiden Zustände soll man nun »mehr verschränkt« als den anderen nennen? Für mehr als drei Qubits wird es natürlich noch viel komplizierter. Für Systeme mit mehr als zwei Niveaus ist die Frage danach, wieviel Verschränkung ein aus ihnen zusammengesetzter Zustand hat, wiederum schwerer als für Qubits zu beantworten.

In einem reellen Experiment hat man meist keine reinen Zustände zur Verfügung. Rauschen und Kopplung an die Umgebung führen dazu, dass man es mit einem so genannten *gemischten* Zustand zu tun hat. Von einem Gemisch zweier Zustände spricht man, wenn die Quelle mit einer gewissen Wahrscheinlichkeit p einen Zustand aussendet, und mit der Wahrscheinlichkeit $1-p$ einen anderen. Ein

Gemisch wird nicht durch einen Zustandsvektor, sondern durch eine Dichtematrix ϱ beschrieben. In der Dichtematrix ist die gesamte messbare Information über den Zustand des physikalischen Systems enthalten. Dieselbe Dichtematrix kann dabei auf viele unterschiedliche Weisen zustande kommen. Ein Gemisch, bei dem mit gleicher Wahrscheinlichkeit die Bell-Zustände $|\phi^+\rangle$ bzw. $|\phi^+\rangle$ ausgesendet werden, hätte man ebenso erzeugen können, indem die Quelle mit gleicher Wahrscheinlichkeit $|00\rangle$ und $|11\rangle$ produziert – also eine Mischung aus Produktzuständen, die somit keine Verschränkung enthält. Die beiden beschriebenen Präparationen sind ununterscheidbar, da sie auf dieselbe Dichtematrix führen. Die erste Art der Produktion (Aussenden von Bell-Zuständen) ist zwar sehr viel aufwändiger als die zweite (Aussenden von Produktzuständen), ergibt jedoch keinen verschränkten Zustand.

Für allgemeine gemischte Zustände ist nicht nur die Frage »wieviel Verschränkung hat ein gegebener Zustand?« unbeantwortet – man kennt sogar nicht einmal eine einfache Rechenvorschrift, um einem gegebenen Zustand anzusehen, ob er verschränkt ist oder nicht. Ein unverschränkter Zustand wird auch separabel genannt. Das Separabilitätsproblem lautet: »Gegeben ein Zustand ϱ eines zusammengesetzten Quantensystems, ist er separabel oder verschränkt?«

Für Systeme aus zwei Qubits und Systeme aus einem Qubit und einem Qutrit (ein Qutrit ist ein Drei-Niveau-System, z. B. ein Atom mit drei verschiedenen Anregungsmöglichkeiten) wurde das Separabilitätsproblem von Asher Peres vom Technion in Haifa, siehe Abb. 12, und der Horodecki-Familie von der Universität Danzig gelöst, siehe Abb. 42. Sie zeigten, dass es genügt, die partielle Zeitumkehr in einem der beiden Teilsysteme zu betrachten, und die so entstandene Matrix darauf zu prüfen, ob sie physikalische Eigenschaften hat – genauer gesagt, ob ihre Eigenwerte positiv oder null sind. Ist dies nicht der Fall (d. h. findet man mindestens einen negativen Eigenwert), dann war der ursprüngliche Zustand verschränkt.

Abb. 42: Pawel, Ryszard und Michal Horodecki von der Universität Danzig und der Technischen Universität Danzig.

Dies kann man folgendermaßen verstehen: Gibt es keine Quantenkorrelationen zwischen den beiden Systemen, dann kann man ungestraft unterschiedliche Zeitrichtungen in ihnen wählen: Das eine System »weiß nichts« vom anderen. Liegt aber Verschränkung vor, dann führt die unphysikalische Operation der Zeitumkehr in nur einem der beiden Systeme zu einem unphysikalischen Zustand (hier zu negativen Wahrscheinlichkeiten). Für höherdimensionale Systeme ist es zwar notwendig, aber nicht hinreichend für Separabilität, dass die partielle Zeitumkehr auf eine physikalische Dichtematrix führt. Hier gibt es Zustände, die sich unter partieller Zeitumkehr zwar »ordentlich« verhalten, aber trotzdem verschränkt sind. Sie heißen »gebunden verschränkt«, weil ihre Verschränkung nicht nutzbar ist. Dies wird im Kapitel **Destillation und Reinigung** näher erläutert. S. 105

Kennt man die Dichtematrix eines Quantensystems, so kann man mit den eben beschriebenen theoretischen Methoden zumindest für niedrigdimensionale Systeme (z. B. zwei Qubits) herausfinden, ob Verschränkung vorliegt. Wie stellt man aber in einem Experiment fest, ob ein gegebener Zustand verschränkt oder separabel ist? Eine Methode zum experimentellen Nachweis von Verschränkung wurde bereits in Kapitel 2.4 vorgestellt: Eine Verletzung der Bell-Ungleichung (z.B. in der Form von Clauser, Horne, Shimony und Holt) beweist, dass quantenmechanische Verschränkung vorliegt. Umgekehrt bedeutet aber die Erfüllung der Bell-Ungleichung *nicht* unbedingt, dass der Zustand separabel ist. Es gibt bestimmte verschränkte Zustände, die jede Bell-Ungleichung erfüllen, obwohl sie *nicht* separabel sind. Diese Eigenschaft haben Zustände, die aus einer Mischung von einem Bell-Zustand mit der Einheitsmatrix bestehen – sie werden nach Reinhard Werner von der TU Braunschweig *Werner*-Zustände genannt. Ist bei diesem Gemisch die Wahrscheinlichkeit für den Bell-Zustand gleich 1/2, so sind die Bell-Ungleichungen erfüllt, obwohl der Zustand verschränkt ist.

Die Tatsache, dass Bell-Ungleichungen Verschränkung nicht zuverlässig detektieren, ist nicht verwunderlich, da sie ausgehend von klassischen Variablen konstruiert wurden. In der Quanteninformationstheorie wurde eine neue Methode für den Nachweis von Verschränkung entwickelt: die Methode der so genannten Verschränkungszeugen. Auch diese geben eine Grenze für eine bestimmte Summe von gemittelten Korrelationen an, die von jedem separablen Zustand eingehalten werden muss. Die Verschränkungszeugen sind jedoch speziell für Quantenzustände konstruiert. Findet man eine Verletzung der Grenze (d.h. in diesem Fall ein Resultat kleiner als null), so ist der Zustand verschränkt. Falls die Grenze nicht verletzt wird, bedeutet dies auch hier nicht unbedingt, dass der Zustand separabel ist.

Hat man jedoch etwas Vorwissen über den Zustand (dies ist ja die typische Situation in einem Experiment, hier beabsichtigt man, einen gewissen verschränkten Zustand zu produzieren; dieser wird durch Rauschen gestört), so kann man »gute« Zeugen konstruieren, die die Verschränkung des tatsächlich produzierten Zustands zweifelsfrei nachweisen. Die Messung der Verschränkungszeugen kann *lokal* in Alices und Bobs Labor erfolgen und mit heutiger Technologie verwirklicht werden. Diese Idee wird gegenwärtig in mehreren Experimenten erstmals zum Nachweis von Verschränkung umgesetzt.

Destillation und Reinigung

Wir haben Verschränkung als Ressource betrachtet, und davon gesprochen, dass Zustände unterschiedlich stark verschränkt sein können. Typischerweise wird ein anfangs maximal verschränkter Zustand durch die Wechselwirkung mit der Umgebung oder nach der Übertragung durch einen verrauschten Kanal weniger als maximale Verschränkung enthalten. Es gibt aber die Möglichkeit, die Verschränkung *mehrerer* Paare von Quantensystemen zu konzentrieren, so dass man schließlich *ein* Paar mit maximaler Verschränkung erhält. Dies geschieht mit so genannten *lokalen* Operationen, d. h. Alice und Bob führen jeweils in ihrem Labor bestimmte Transformationen an ihren Hälften der Paare durch. Außerdem müssen sich die beiden z. B. per Telefon über den Fortgang des Verfahrens absprechen.

Dieses Verfahren bezeichnet man als Verschränkungsdestillation, mitunter auch als Reinigung, denn nur reine Quantenzustände können maximal verschränkt sein.

Auch ein reiner Zustand kann aber weniger als maximal verschränkt sein. Betrachten wir

$$|\psi\rangle = \alpha|00\rangle + \beta|11\rangle \qquad (45)$$

wobei hier α und β positiv seien und $\alpha \geq \beta$ gelte. Die Normierung lautet wie üblich $\alpha^2 + \beta^2 = 1$. Wie im Kapitel **Verschränkungstheorie** S. 100
erläutert, ist dieser Zustand nur für $\alpha = \beta$ maximal verschränkt. Für $\alpha \neq \beta$ entwarf Nicolas Gisin von der Universität Genf ein so genann-

tes Filterverfahren, mit dem aus mehreren Paaren mit wenig Verschränkung eine geringere Anzahl von maximal verschränkten Paaren erzeugt wird. Hierbei wenden sowohl Alice als auch Bob lokale Filter an, die den Term mit dem größeren Koeffizienten in der Superposition (in diesem Fall den Term $\alpha|00\rangle$) abschwächen und den anderen Term unverändert lassen. Sind die Zustände $|0\rangle$ und $|1\rangle$ etwa in der Polarisation von Photonen kodiert, so kann man im Experiment optische Filter verwenden, deren Absorption polarisationsabhängig ist. Auf diese Weise erzeugt man einen maximal verschränkten Zustand, jedoch nur mit der Wahrscheinlichkeit $p=2\beta^2$. Mit der Wahrscheinlichkeit $1-p=1-2\beta^2$ hat man keine Erhöhung der Verschränkung erreicht. Dieses einfache Filterverfahren kann man auch für manche gemischte Zustände anwenden.

Ein allgemein verwendbares explizites Verfahren zur Verschränkungsdestillation wurde 1996 von Charles Bennett und Mitarbeitern entwickelt. Die wesentliche Idee lässt sich wie folgt erklären: Nehmen wir an, dass Alice und Bob einen maximal verschränkten Bell-Zustand der Form

$$|\phi^+\rangle=\sqrt{\tfrac{1}{2}}(|0\rangle|0\rangle-|1\rangle|1\rangle) \qquad (46)$$

teilen möchten, aber keinen rauschfreien Übertragungskanal zur Verfügung haben. Alice stellt diesen Zustand her und sendet das zweite Qubit zu Bob. Auf dem Weg durch den verrauschten Übertragungskanal geschieht mit der Wahrscheinlichkeit p ein Spinflip. In diesem Fall hat der Zustand die Gestalt

$$|\psi^+\rangle=\sqrt{\tfrac{1}{2}}(|0\rangle|1\rangle-|1\rangle|0\rangle)\,. \qquad (47)$$

Der Gesamtzustand ist nun also ein Gemisch aus den beiden Bell-Zuständen $|\phi^+\rangle$ und $|\psi^+\rangle$. Diesen Vorgang wiederholt Alice. Nun sind Alice und Bob im Besitz zweier fehlerbehafteter Paare; die Güte ist jeweils $F=1-p$. Das Ziel ist es, die Güte eines der Paare zu erhöhen. Jeder der beiden wendet dazu in seinem Labor ein CNOT-Gatter auf

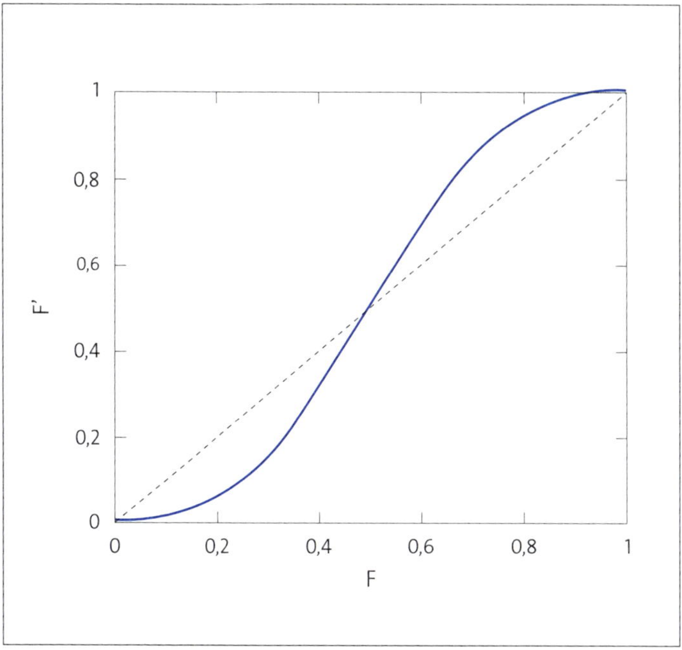

Abb. 43: Destillation – neue Güte als Funktion der ursprünglichen Güte.

seine beiden Qubits an. Danach misst jeder das erste Qubit, und Alice und Bob vergleichen das Resultat. Wenn ihr Messergebnis übereinstimmt, also beide 0 oder beide 1 gefunden haben, behalten sie das zweite Qubit. Es zeigt sich, dass die neue Güte F' gegeben ist durch $F'=F^2/(F^2+(1-F)^2)$. Wie man in Abb. 43 erkennt, ist die neue Güte höher als zuvor, wenn die ursprüngliche Güte F größer als 1/2 war. Durch Iteration des gesamten Verfahrens mit neuen Paaren höherer Güte gelangt man Schritt für Schritt Richtung $F=1$. Dieses Destillationsverfahren wurde im Jahr 2003 von Anton Zeilinger und Mitarbeitern an der Universität Wien erstmals experimentell durchgeführt. Mit Hilfe der obigen Destillationsverfahren ist es ferner möglich, selbst bei Vorhandensein von Rauschen dennoch einen rauschfreien Übertragungskanal zwischen Alice und Bob zu erstellen. Dazu stellt Alice zunächst mehrere Paare maximal verschränkter Zustände in ihrem Labor her. Sie sendet jeweils eines der beiden Qubits pro Paar durch den verrauschten Kanal. Dann destillieren Alice und Bob aus den verrauschten Paaren einen maximal verschränkten Zustand. Diesen können sie nun zur Teleportation verwenden und somit einen beliebigen Quantenzustand völlig fehlerfrei übermitteln.

Destillation ist besonders nützlich bei der Übertragung von Verschränkung über große Distanzen. Hier kann man die große Distanz in mehrere kleine Abschnitte teilen, und zunächst die verminderte Verschränkung entlang der kleinen Strecken zu maximaler Verschränkung destillieren. Dann verbindet man die entlang der Gesamtdistanz aneinandergereihten maximal verschränkten Paare durch Quantenteleportation zu einem maximal verschränkten Paar über die Gesamtdistanz. Diese Idee der Quanten-Repeater wurde 1998 von H. Briegel, W. Dür, I. Cirac und P. Zoller an der Universität Innsbruck entwickelt.

Wenn man die Verschränkung eines weniger als maximal verschränkten Zustands destillieren kann, ist sie auf diese Weise nutzbar. Aber welche Zustände kann man denn destillieren? Auch diese Frage ist noch nicht allgemein beantwortet. Das so genannte Destillierbarkeitsproblem lautet: »Gegeben ein Zustand ϱ eines zusammengesetzten Quantensystems, ist er destillierbar oder nicht?« Die Horodecki-Familie zeigte, dass auch hier die partielle Zeitumkehr ein wichtiges Kriterium liefert: führt sie auf eine physikalische Dichtematrix, d. h. eine Matrix mit positiven oder verschwindenden Eigenwerten, so ist der Zustand *nicht* destillierbar – selbst wenn er verschränkt ist! Die Verschränkung dieser seltsamen Zustände nennt man daher »gebundene« Verschränkung, denn sie kann nicht genutzt werden. Verschränkung, die man destillieren kann, nennt man auch »freie« Verschränkung.

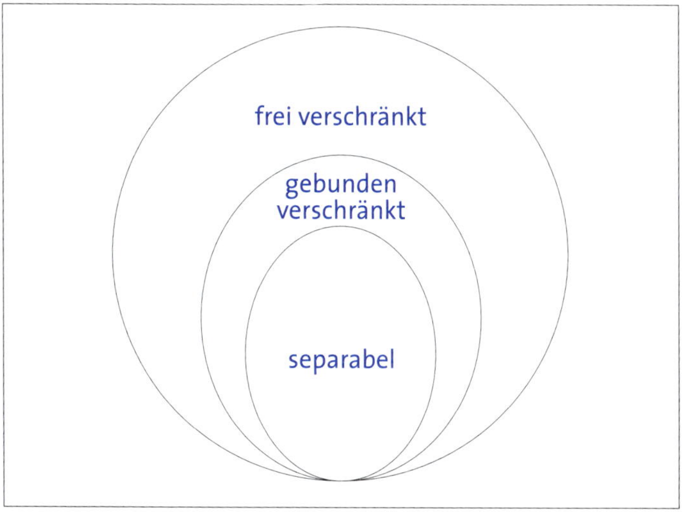

Abb. 44: Menge aller Zustände eines zusammengesetzten Quantensystems.

Die Menge aller Zustände eines zusammengesetzten Quantensystems unterteilt sich in die separablen, die gebunden verschränkten und die frei verschränkten, wie in Abb. 44 skizziert.

Zahlentheoretische Grundlagen zum Shor-Algorithmus

Ein Zahlenrätsel, das Brahmagupta (geb. 598 v. Chr.) zugeschrieben wird, handelt von einer alten Frau, die mit einem Korb voller Eier zum Markt geht. Ein Pferd tritt auf ihren Korb und zerstört die Eier. Der Reiter bietet der Frau an, den Schaden zu bezahlen – aber sie erinnert sich nicht mehr an die genaue Zahl der Eier. Jedoch weiß sie, dass ein Ei übrigbleibt, wenn man jeweils zwei Eier gleichzeitig aus dem Korb nimmt. Wenn man drei Eier auf einmal herausnimmt, bleibt ebenfalls eines zurück, ebenso bei vier, fünf oder sechs Eiern. Wenn man aber sieben Eier zugleich aus dem Korb nimmt, bleibt kein Rest. Was ist die kleinstmögliche Zahl von Eiern, die dies erfüllt?

Die Lösung dieses und ähnlicher Probleme in der Zahlentheorie wird als Chinesisches Restwert-Theorem bezeichnet. Das obige Rätsel kann auch als folgendes Gleichungssystem geschrieben werden, wobei y die gesuchte Gesamtzahl, m_i die Zahlen, durch die die Gesamtzahl geteilt wird, und r_i den jeweiligen Rest bezeichnen:

$$\begin{aligned} y &= r_1 \bmod m_1 \,, \\ y &= r_2 \bmod m_2 \,, \\ &\dots \\ y &= r_k \bmod m_k \,. \end{aligned} \tag{48}$$

Im Fall der Eierfrau sind $k=7$ und $r_1=r_2=\ldots=r_6=1$ sowie $r_7=0$, ferner $m_i=i$. (Zur Notation: $y = r_1 \bmod m_1$ ist gleichbedeutend mit $y \bmod m_1 = r_1$.) Das chinesische Restwert-Theorem besagt, dass für den Fall $ggT(m_i, m_j)=1$ eine eindeutige Lösung y mit $1 \le y \le M$ existiert, wobei $M=m_1 m_2 \ldots m_k$. Diese Lösung lautet

$$y = (r_1 N_1 M_1 + r_2 N_2 M_2 + \ldots + r_k N_k M_k) \bmod M\,. \tag{49}$$

Hier ist $M_i = M/m_i$ und N_i ist invers modulo m_i zu M_i, d.h. $N_i M_i = 1 \bmod m_i$. – Die Lösung des obigen Rätsels ist übrigens, dass die Anzahl der Eier 301 betrug.

Betrachten wir nun die quadratische Gleichung

$$y^2 = 1 \bmod N\,, \tag{50}$$

wobei y und N teilerfremd seien, d.h. $ggT(y, N)=1$, ferner sei $N=n_1 n_2$ und $ggT(n_1,n_2)=1$. Es werden nichttriviale Lösungen y für diese Gleichung gesucht. (Eine triviale Lösung wäre $y=\pm 1 \bmod N$.) Nichttriviale Lösungen y_1 und y_2 findet man, indem man zwei Gleichungssysteme betrachtet:

$$\begin{aligned} y_1 &= +1 \bmod n_1 \,, \\ y_1 &= -1 \bmod n_2 \,, \end{aligned} \tag{51}$$

sowie

$$y_2 = -1 \bmod n_1 \,,$$
$$y_2 = +1 \bmod n_2 \,. \qquad (52)$$

Aufgrund des Chinesischen Restwert-Theorems weiß man, dass eine Lösung für beide Gleichungssysteme existiert. Nennen wir die Lösung des ersten Gleichungssystems $y_1 = s \bmod N$, wobei man s nach der oben beschriebenen Vorschrift konstruieren kann. Da das zweite Gleichungssystem sich aus dem ersten durch einen Vorzeichenwechsel ergibt, gilt $y_2 = -s \bmod N$. Weil y_1 und y_2 auch Lösungen der obigen quadratischen Gleichung (50) sind, gilt $(s+1)(s-1) = 0 \bmod N$. Man weiß aber, dass $(s \pm 1) \neq 0 \bmod N$, weil es sich ja um nichttriviale Lösungen handelt. Hiermit findet man, dass der größte gemeinsame Teiler $ggT(s \pm 1, N)$ ein nichttrivialer Faktor von N ist.

Die bisherigen Erkenntnisse dieses Kapitels kann man nun nutzen, um den Startpunkt für den Shor-Algorithmus zu verstehen. Betrachten wir ein N und ein a mit $ggT(a, N) = 1$; daher gilt auch $ggT(a^x, N) = 1$. Hieraus folgt die Periodizität der Funktion $f(x) = a^x \bmod N$. Die Periode sei wieder mit r bezeichnet, d.h. $a^r = 1 \bmod N$. Wenn r gerade ist, kann man dies als quadratische Gleichung in $a^{\frac{r}{2}}$ umschreiben, d.h.

$$(a^{\frac{r}{2}})^2 = 1 \bmod N \,. \qquad (53)$$

Nun verwendet man das Resultat aus dem vorigen Absatz und findet, dass $ggT(a^{\frac{r}{2}} \pm 1, N)$ ein nichttrivialer Faktor von N ist.

Die Aufgabe, den größten gemeinsamen Teiler zweier Zahlen zu finden, kann auf einfache Weise mit dem Euklid-Algorithmus gelöst werden. Nehmen wir an, dass $n_1 \geq n_2$. Man teilt n_1 durch n_2 und notiert den Rest, d.h.

$$n_1 = k_0 n_2 + r_1 \,, \quad \text{mit} \quad r_1 < n_2 \,. \qquad (54)$$

Dasselbe wiederholt man mit n_2 und r_1 und erhält einen Rest r_2, also

$$n_2 = k_1 r_1 + r_2 \,, \quad \text{mit} \quad r_2 < r_1 \,. \qquad (55)$$

Die nächsten Schritte lauten

$$\begin{aligned} r_1 &= k_2 r_2 + r_3\,, \quad \text{mit} \quad r_3 < r_2\,, \\ &\dots \\ r_{l-1} &= k_l r_l + r_{l+1}\,, \quad \text{mit} \quad r_{l+1} < r_l\,, \\ r_l &= k_{l+1}\, r_{l+1} + 0\,. \end{aligned} \tag{56}$$

Der letzte nichtverschwindende Rest r_{l+1} ist der größte gemeinsame Teiler $ggT(n_1,n_2)$.

Präzisionsmessungen als Quantentechnologie

In den letzten Jahren wurden einige Vorschläge entwickelt, in denen Verschränkung als nutzbare Ressource für Aufgaben eingesetzt wird, die das Erreichen einer hohen Genauigkeit zum Ziel haben.

Heutige Atomuhren arbeiten bereits mit einer beeindruckenden Präzision. Die Cäsium-Atomuhr an der Physikalisch-Technischen Bundesanstalt in Braunschweig, die den Standard für die Zeit in Deutschland angibt, geht in einem Jahr nur weniger als eine Millionstel Sekunde falsch. Die Grundidee der Atomuhr ist es, eine quantenmechanische Superposition aus zwei Energieniveaus $|0\rangle$ und $|1\rangle$ des Cäsium-Atoms zu verwenden. Die Ladungsverteilung in einem Atom, das in einem solchen Zustand ist, ist nicht kugelsymmetrisch; das Cäsium-Atom hat ein elektromagnetisches Dipolmoment. Dieses schwingt wie ein Pendel in einer Standuhr, nur sehr viel schneller. Die Sekunde ist definiert als die Zeit, der 9 192 631 770 Schwingungen des Cäsium-Atoms entsprechen.

Aber wie zählt man diese Schwingungen? Die Schwingungsdauer ist durch die Energiedifferenz $E = h\nu$ der beiden beteiligten Niveaus bestimmt, wobei ν die Frequenz und h das Planck'sche Wirkungsquantum ist. Die Cäsium-Atome werden in die oben erwähnte Superposition der zwei Zustände gebracht, indem man sie mit einem elektromagnetischen Feld bekannter Frequenz bestrahlt. Die Ver-

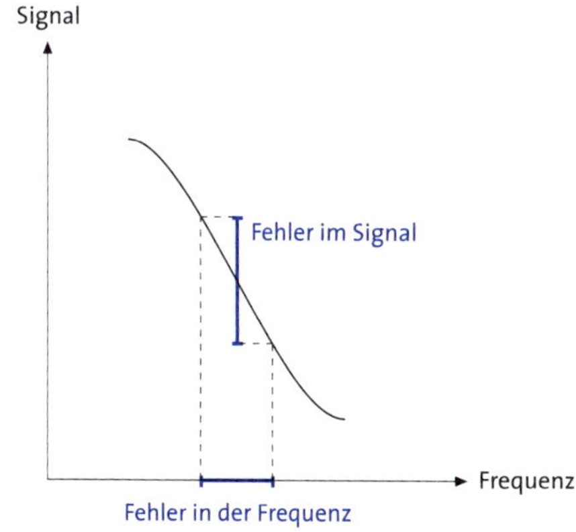

Abb. 45: Einfluss der Steigung des Signals auf den Fehler in der Frequenzbestimmung.

stimmung zwischen dieser Frequenz und der Übergangsfrequenz des Atoms bedingt die Wahrscheinlichkeit p, das Atom nach einer gegebenen Zeit im angeregten Zustand $|1\rangle$ zu finden. Diese Wahrscheinlichkeit kann man messen und aus ihr den Unterschied der beiden Frequenzen (und damit auch die Frequenz des Cäsium-Atoms) präzise bestimmen.

Wovon hängt der Fehler bei der Frequenzbestimmung des Cäsium-Atoms ab? Im Wesentlichen von der Zahl der Atome (mehr Atome vermindern den statistischen Fehler) und der Steigung der Wahrscheinlichkeit p als Funktion der Vergleichsfrequenz des Feldes. Eine steile Funktion führt bei gleichem Fehler im Signal zu einem geringeren Fehler in der Frequenz als eine flache Funktion, siehe Abb. 45.

Was geschieht nun, wenn man statt n einzelner Atome $n/2$ Paare aus je 2 verschränkten Atomen verwendet? Ein Paar bildet dann eine Einheit, und auf der statistischen Seite verliert man einen Faktor $\sqrt{2}$

an Präzision. Effektiv verhält sich das Paar aber wie ein Atom, das mit *doppelter* Frequenz schwingt. Das bedeutet, dass eine kleine Änderung der Frequenz des elektromagnetischen Feldes zu einer etwa doppelt so großen Änderung der zu messenden Wahrscheinlichkeit p wie zuvor führt – die Funktion ist doppelt so steil, und man gewinnt einen Faktor 2 an Genauigkeit. Zusammen bedeutet dies, dass *Frequenzstandards* mit Hilfe von Verschränkung im Prinzip eine um den Faktor $\sqrt{2}$ höhere Präzision als ohne Verschränkung erreichen können.

Eine weitere neue Idee für Präzisionsmessungen mit Verschränkung ist das so genannte Quanten-Gyroskop. Ein Gyroskop misst kleinste Drehungen mittels Interferometrie. Die Sensitivität eines »normalen« Gyroskops wird mit größerer Zahl n der verwendeten Teilchen besser und verhält sich wie $1/\sqrt{n}$. Benutzt man aber zwei verschränkte Teilchen als Eingaben des Interferometers, so wird die Sensitivität auf $1/n$ verbessert. Damit eröffnen sich unter anderem neue Perspektiven für die Raumfahrt und für Tests der allgemeinen Relativitätstheorie.

Die Quantenlithographie eröffnet die Möglichkeit hochpräziser Druckmethoden. In der optischen Lithographie wird Licht benutzt, um kleinste Muster auf ein Substrat zu drucken. Diese Muster werden durch die belichteten bzw. unbelichteten Stellen auf dem Substrat definiert. Diese Technologie spielt eine bedeutende Rolle bei der Herstellung von immer kleineren Prozessoren in der Mikrochip-Industrie. Die Wellenlänge des Lichts setzt hier die Grenze für die Auflösung. Um diese Grenze der klassischen Lithographie zu überschreiten, wurde die Quantenlithographie vorgeschlagen. Sie erreicht eine verbesserte Auflösung jenseits der klassischen Grenze.

Auch für die Uhrensynchronisation zweier voneinander entfernter Parteien ist Verschränkung nützlich. Wenn Alice und Bob verschränkte Atome besitzen und außerdem klassisch miteinander kommunizieren können, so können sie ihre Atomuhren synchronisieren, ohne dass sie ihre relative Position kennen müssen, und ohne dass die zwischen ihnen liegende Materie eine Rolle für die Genauigkeit spielt. Im Wesentlichen wird hier ausgenutzt, dass die Quantenkorrelationen zwischen Alice und Bob auch eine zeitliche Korrelation bedeuten: Misst Alice ihr Atom, so startet sie dadurch gewissermaßen auch Bobs Uhr. Ein Problem hierbei ist die möglicherweise unterschiedliche Definition ihrer jeweiligen Basisvektoren, die dazu führt, dass die beiden Uhren nach der Messung nicht synchron ticken, sondern mit einer Zeitverschiebung, die vom Winkel zwischen ihren Basisvektoren abhängt. Diese Schwierigkeit können die beiden durch die Verwendung zweier verschiedener Atomsorten und durch die Beobachtung der Schwebung der beiden entsprechenden Frequenzen lösen: Es zeigt sich, dass die Einhüllende der Schwebung für Alice und Bob gleich ist und damit ihre Uhren nun synchron laufen.

Quantenspiele

Die Spieltheorie beschäftigt sich mit der Strategieoptimierung von miteinander konkurrierenden Parteien, deren Interessen unvereinbar sind: Jede Partei will ihren eigenen Gewinn maximieren. Sie wurde in den 30er Jahren des 20. Jahrhunderts in wirtschaftstheoretischen Zusammenhängen entwickelt und findet heute auch in den Sozialwissenschaften, der Biologie und den Ingenieurwissenschaften Anwendung.

Zunächst einige grundlegende Ideen und Begriffe aus der klassischen Spieltheorie, die zum Teil auch zum alltäglichen Sprachschatz gehören. Die konkurrierenden Parteien heißen Spieler und ihre Handlungen Spielzüge. Die Spielzüge müssen nach den Spielregeln erlaubt sein. Eine Vorschrift dafür, welcher Spielzug in jeder möglichen Spielsituation zu wählen ist, heißt Strategie. Eine reine Strategie gibt für jede Spielsituation genau einen Zug vor; eine gemischte Strategie erlaubt verschiedene Spielzüge mit entsprechenden Wahrscheinlichkeiten. Die Gewinnmatrix gibt den Gewinn jeden Spielers für alle möglichen Spielergebnisse als Zahlenwert an. Jeder Spieler wird seine Strategie so wählen, dass sein Gewinn maximiert wird.

Ein wichtiger Begriff aus der Spieltheorie ist das Nash-Gleichgewicht. Es ist gegeben durch die Kombination von Strategien beider Spieler, bei der keiner der beiden einen höheren Gewinn erzielen kann, indem nur er allein seine Strategie ändert. Dies ist das Spielergebnis, das die Parteien erzielen, wenn sie nur auf den eigenen Vorteil bedacht sind. Ein so genanntes *Pareto-optimales* Spielergebnis ist gegeben, wenn keiner der beiden Spieler einen höheren Gewinn erzielen kann, ohne den Gewinn des anderen zu verringern. Es ist sozusagen das Ergebnis, das für beide Parteien erstrebenswert ist, weil es ihnen den höchsten Gewinn bringt, der mit ihren entgegengesetzten Interessen verträglich ist.

Im Rahmen der Quanteninformation wurde die Spieltheorie neu formuliert, beginnend mit Arbeiten von D. Meyer sowie von J. Eisert, M. Wilkens und M. Lewenstein im Jahre 1999. In der Quantenspieltheorie werden Superposition und Verschränkung von Anfangszuständen der Spieler sowie von Spielzügen und Strategien studiert. Es zeigt sich, dass dies zu völlig neuen Resultaten führt.

Betrachten wir als Erstes wie D. Meyer ein einfaches Spiel, den so genannten »Pfennigflip«. Die klassischen Spielregeln sind wie folgt: Alice präpariert die Münze im Zustand »Kopf«. Bob darf die Münze entweder umdrehen oder nichts tun. Ebenso Alice im nächsten Zug. Und schließlich hat Bob einen zweiten Zug, indem er den Pfennig wiederum umdrehen kann oder nicht. Danach sehen beide die Münze an: wenn sie »Kopf« zeigt, hat Bob gewonnen. In diesem klassischen Spiel sind die Gewinnchancen für beide gleich groß.

Im dazugehörigen Quantenspiel ersetzt man den Pfennig durch ein Qubit, das den Zustand $|0\rangle$ (= Kopf) oder $|1\rangle$ (= Zahl) annehmen kann. Betrachten wir eine asymmetrische Situation, in der Bob Quantenzüge machen kann, während Alice weiterhin nur klassisch agieren darf. Nun kann Bob folgende Strategie wählen: er rotiert das Qubit $|0\rangle$, das er von Alice bekommt, in die gedrehte Basis (sie war im Kapitel 5.3 erläutert worden). So wird aus dem Zustand $|0\rangle$ der Zustand $(|0\rangle + |1\rangle)/\sqrt{2}$: Bob nutzt die Möglichkeit der Superposition. Nun darf Alice entweder $|0\rangle$ und $|1\rangle$ vertauschen oder nichts tun. Beide Möglichkeiten lassen aber den gedrehten Zustand unverändert! Daher muss Bob nun einfach die Drehung rückgängig machen und hat – unabhängig von Alices Strategie – in jedem Fall gewonnen. Er kann also maximal von seinem erweiterten Strategieraum profitieren.

Betrachten wir nun wie J. Eisert, M. Wilkens und M. Lewenstein ein etwas komplizierteres »Spiel«, das so genannte Gefangenendilemma. Hier werden zwei Gefangene, nennen wir sie wieder Alice und Bob, verdächtigt, eine Tat begangen zu haben. Sie werden getrennt voneinander verhört und haben keine Gelegenheit, sich abzusprechen. Jeder von beiden hat die Möglichkeit, entweder den anderen zu verraten (Strategie V) oder zu schweigen (Strategie S). Falls einer den anderen verrät und der andere schweigt, so bekommt der Verräter 5 Jahre der Strafe erlassen. Falls beide sich gegenseitig verraten, wird jedem nur ein Jahr der Strafe abgezogen. Falls aber beide schweigen, werden jedem drei Jahre erlassen. Wie werden die Gefangenen nun handeln?

Diese Situation kann man in der folgenden Gewinnmatrix zusammenfassen:

	Bob: S	Bob: V
Alice: S	(3,3)	(0,5)
Alice: V	(5,0)	(1,1)

Hier bedeutet jeweils der Erste der beiden Einträge Alices Gewinn und der Zweite Bobs Gewinn für die entsprechende Kombination der

Strategien. Betrachten Sie zunächst nur den jeweiligen Eintrag von Alice, also jeweils die linke der beiden Zahlen. Es ist klar, dass Alice die Strategie V wählt, denn falls Bob S spielt, ist ihr Gewinn 5 und somit größer als 3, und falls Bob V spielt, ist Alices Gewinn 1 anstelle von 0. Die gleiche Argumentation gilt aber auch für Bob, denn die Gewinntabelle ist symmetrisch bei Vertauschen der beiden Spieler. Daher werden beide V spielen und sich gegenseitig verraten – keiner von beiden kann einen höheren Gewinn erzielen, wenn er alleine die Strategie ändert; es handelt sich also um ein Nash-Gleichgewicht. Jedoch kommen beide Spieler schlecht dabei weg; hätten sie jeweils S gewählt, so hätten beide den Gewinn 3 erzielt. Dies wäre das Pareto-optimale Resultat. Das Dilemma liegt also darin, dass beide Spieler ein schlechtes Resultat erzielen, weil sie sich nicht über ihre Strategien absprechen können.

Die Entscheidung über die gewählte Strategie können Alice und Bob z. B. mit einer Münze (Kopf bzw. Zahl für V bzw. S) mitteilen. In der Quantenversion des Gefangenendilemmas haben Alice und Bob nun je ein Qubit in einem Anfangszustand, dessen Zustand sie ändern und so ihre gewählte Strategie angeben können ($|0\rangle$ bzw. $|1\rangle$ für V bzw. S). Wie im Pfennigflip sind jetzt quantenmechanische Superpositionen erlaubt, d. h. Überlagerungen von Strategien. Dies führt jedoch zu denselben Resultaten wie eine gemischte klassische Strategie.

Zusätzlich kann es aber auch Verschränkung zwischen den Anfangszuständen von Alice und Bob geben. (Am Ende wird eine Messung gemacht, so dass man ein klassisches Resultat erhält und in der Gewinntabelle nachschlagen kann.) Wenn der Anfangszustand genügend stark verschränkt ist, zeigt sich folgende Analogie zum Pfennigflip: Spielt Alice weiter eine klassische Strategie, aber Bob benutzt quantenmechanische Spielzüge, so kann er einen höheren Gewinn als Alice erzielen – das Dilemma ist aufgehoben. Falls sowohl Alice als auch Bob eine eingeschränkte Quantenstrategie benutzen (nur

Drehungen in einer Ebene seien zugelassen), so gibt es ein neues Nash-Gleichgewicht, bei dem beide den Gewinn 3 erzielen. Dieses Resultat ist also Pareto-optimal, und das Dilemma ist ebenfalls aufgehoben.

Betrachtet man Spiele mit mehr als zwei Spielern oder mit mehr als zwei möglichen Strategien (z.B. hat das bekannte Spiel »Stein, Schere, Papier« drei mögliche Strategien), so bietet die Quantenmechanik ebenfalls eine reichere Struktur als die klassische Version: Klassische Spiele bilden eine Untermenge der Quantenspiele.

Quantenspiele können auf einem Quantencomputer simuliert werden. So wurde das Gefangenendilemma im Jahr 2002 von R. Han und Mitarbeitern in Hefei (China) mittels Kernspinresonanz experimentell implementiert.

Glossar

Ancilla – Hilfszustand, der z. B. zur fehlertoleranten Fehlerkorrektur verwendet wird. *s. S. 95*

BB84 – Von Bennett und Brassard 1984 vorgeschlagenes Protokoll zur sicheren Übertragung eines Zufallsschlüssels mit einzelnen Quantenzuständen. *s. S. 53ff.*

Bell-Messung – Messung in der Basis der Bell-Zustände. *s. S. 42f., 45, 97*

Bell'sche Ungleichungen – Sie geben eine Obergrenze für klassische Korrelationen an. Eine Verletzung der Bell'schen Ungleichungen ist nur mit korrelierten Quantenzuständen möglich. *s. S. 26ff., 89, 104*

Bell-Zustand – Maximal verschränktes Quantensystem aus zwei Qubits. *s. S. 23f., 27, 96f., 104*

Binärsystem – Zahlensystem, in dem nur die Ziffern »0« und »1« vorkommen. Man zählt beispielsweise bei drei Ziffern wie folgt: 000, 001, 010, 011, 100, 101, 110, 111. *s. S. 4, 51, 67, 99*

Dekohärenz – Verlust der kohärenten Quanteneigenschaften durch Wechselwirkung mit der Umgebung. *s. S. 26, 73, 90ff., 95*

Destillation – Konzentration der Verschränkung mehrerer Paare von Quantenzuständen (mittels lokaler Transformationen) in einem Paar mit höherer Verschränkung. *s. S. 103, 105ff.*

Dichtematrix – Mathematische Beschreibung eines Quantenzustands. Die Dichtematrix enthält die gesamte Information über den Zustand. *s. S. 91, 102f.*

EPR-Experiment – Nach Einstein, Podolsky und Rosen benanntes Gedankenexperiment zur Verschränkung. Es führte zur (falschen) Schlussfolgerung, dass die Quantentheorie unvollständig sei. *s. S. 27, 31*

Euklid-Algorithmus – Rechenverfahren zum Auffinden des größten gemeinsamen Teilers zweier Zahlen. *s. S. 66, 111*

Fehlerkorrektur – Berichtigung eines unbekannten Fehlers durch ein systematisches Verfahren – statt einzelner Bits werden Code-Wörter verwendet. *s. S. 38, 56, 92ff.*

Gebundene Verschränkung – Verschränkung, die nicht destilliert (d. h. durch lokale Transformationen konzentriert) werden kann und daher keine bekannten Anwendungen in der Quanteninformation hat. *s. S. 108*

Gemischter Zustand – Zustand, der aus einem statistischen Gemisch von reinen Zuständen besteht. *s. S. 91, 101f., 106*

GHZ-Zustand – Maximal verschränkter Zustand aus drei (oder mehr) Qubits. Er besteht aus einer Superposition von zwei Zuständen und wird manchmal auch als »Schrödinger-Katze« bezeichnet. *s. S. 25, 81, 97f., 100*

Grover-Algorithmus – Von Lov Grover vorgeschlagenes methodisches Verfahren zur Suche in einer ungeordneten Liste mittels Quantenzuständen. *s. S. 68ff., 75*

Hamming-Abstand – Zahl der Bits, in denen sich zwei Bitfolgen voneinander unterscheiden. Zum Beispiel ist der Hamming-Abstand zwischen »0100« und »1000« gleich 2. *s. S. 93f.*

Königsberger Brückenproblem – Beliebtes Rätsel zu Eulers Zeiten: Man finde einen Rundgang durch die Stadt Königsberg, bei dem man jede der sieben Brücken genau einmal überquert und zum Ausgangspunkt zurückkehrt. *s. S. 9*

Nash-Gleichgewicht – Kombination von Strategien in der Spieltheorie, so dass keiner der Spieler durch alleiniges Ändern seiner Strategie einen höheren Gewinn erzielen kann. *s. S. 116, 118f.*

No-Cloning-Theorem – Verbot, einen unbekannten Quantenzustand fehlerfrei zu kopieren – dies folgt aus den Gesetzen der Quantenmechanik. *s. S. 35, 39*

Parametrische Fluoreszenz – Umwandlung eines Photons einer bestimmten Energie in zwei Photonen der halben Energie in einem nichtlinearen Kristall. Diese Methode wird zur Erzeugung von Verschränkung mit polarisierten Photonen verwendet. *s. S. 26*

Polarisiertes Photon – Lichtquant, dessen elektromagnetische Welle in einer bestimmten Richtung (der Polarisationsrichtung) schwingt. *s. S. 14ff., 22, 25, 39, 42, 45, 54ff., 91*

Produktzustand – Quantenzustand, der sich als Produkt zweier Teilsysteme schreiben lässt und daher keine Quantenkorrelationen beinhaltet. *s. S. 22f.*

Quantencomputer – Computer, der die Eigenschaften der Quantentheorie ausnutzt. Er besteht aus Qubits, die auf kontrollierte Weise präpariert werden können, und aus Quantengattern, die Rechenoperationen auf den Qubits ausführen. Gegenwärtig können erst Quantencomputer mit wenigen Qubits experimentell realisiert werden. *s. S. 15f., 21, 35, 52, 60, 72ff., 92, 99, 119*

Quantengatter – Logisches Gatter, dem die Prinzipien der Quantenmechanik zugrunde liegen. *s. S. 73ff., 90, 95, 97*

Quantenkryptographie – Geheime Kommunikation, deren Sicherheit auf den Gesetzen der Quantenmechanik beruht. *s. S. 32, 38, 47ff., 83, 86ff.*

Quantenparallelismus – Parallele Ausführung einer Rechenoperation auf *allen* Termen einer quantenmechanischen Superposition. *s. S. 33, 35, 67*

Quanten-Repeater – Verfahren zur Übertragung von Verschränkung über einen langen verrauschten Kanal: Entlang von Teilabschnitten werden verrauschte Zustände mit verminderter Verschränkung zu Zuständen mit maximaler Verschränkung destilliert und dann zu einem maximal verschränkten Zustand über die Gesamtdistanz zusammengesetzt. *s. S. 108*

Quantenteleportation – Das instantane Übersenden der in einem unbekannten Quantenzustand enthaltenen Information an einen entfernten Empfänger, unter Ausnutzung von Verschränkung. *s. S. 32, 40ff., 97*

Qubit – Physikalisches System, das zwei verschiedene orthogonale quantenmechanische Zustände einnehmen kann, z. B. ein vertikal oder horizontal polarisiertes Photon. Darin kann man ein Bit an Information speichern. *s. S. 32ff., 37, 42f., 46, 62f., 66, 69, 73ff., 90f., 95ff., 116ff.*

Reiner Zustand – Lösung der Schrödingergleichung. Eine Quelle, die reine Zustände produziert, sendet immer exakt denselben Zustand. *s. S. 100, 105*

Reinigung – Verfahren, bei dem aus mehreren gemischten Paaren von Quantenzuständen mittels lokaler Transformationen ein Paar mit höherer Reinheit gewonnen wird; oft synonym mit Destillation verwendet. *s. S. 103, 105 ff.,*

RSA-Kodierung – Nach Rivest, Shamir und Adleman benanntes Chiffrierverfahren, bei dem ein öffentlicher Schlüssel verwendet wird. Die Sicherheit dieser Methode beruht auf der exponentiellen Komplexität der Primzahlzerlegung. *s. S. 51 f., 59, 64*

Schrödingergleichung – Grundgleichung der Quantenmechanik. *s. S. 13, 15, 18 f.*

Separabler Zustand – Aus Teilsystemen zusammengesetzter Quantenzustand, der keine Verschränkung beinhaltet – man kann ihn erzeugen, ohne dass die Teilsysteme miteinander wechselwirken. *s. S. 104, 109*

Shor-Algorithmus – Von Peter Shor vorgeschlagenes methodisches Verfahren zur Primzahlzerlegung mittels Quantenzuständen, exponentielle Geschwindigkeitssteigerung gegenüber klassischen Verfahren. *s. S. 13, 52, 59 f., 63 ff., 75, 81, 95, 109 ff.*

Stern-Gerlach-Apparat – Experimenteller Aufbau, der die Spinorientierung eines Teilchens misst: Teilchen mit unterschiedlichen Spinausrichtungen werden in einem inhomogenen Magnetfeld in verschiedene Richtungen abgelenkt. *s. S. 19*

Superdichte Kodierung – Übertragung von zwei Bits an Information mittels eines verschränkten Qubits. *s. S. 33, 84 f.*

Superposition – Quantenmechanische Überlagerung zweier oder mehrerer Quantenzustände. *s. S. 16 ff., 26, 32, 34 f., 37 f., 61 f., 66 f., 70, 75, 90 f., 100, 112, 116 ff.*

Turingmaschine – Von Turing entwickeltes abstraktes allgemeines Modell eines Computers mit folgenden wesentlichen Elementen: ein Schreib- und Lesekopf, interne Zustände, ein unendlich langes Band, ein Programm. *s. S. 6 ff., 10*

Unitarität – Eigenschaft der Zeitentwicklung von Quantenzuständen. Eine unitäre Entwicklung lässt den Winkel zwischen zwei Zuständen unverändert und kann daher als Drehung verstanden werden. *s. S. 60*

Vernam-Chiffre – Nachweisbar sichere Chiffriermethode mittels eines *zufälligen* geheimen Schlüssels, der genauso lang wie die Nachricht ist. *s. S. 50 ff.*

Verschränkter Zustand – Aus Teilsystemen zusammengesetzter Quantenzustand, der echte Quantenkorrelationen beinhaltet – daher müssen die Teilsysteme wechselwirken, damit man diesen Zustand erzeugen kann. *s. S. 23 ff., 40, 42, 44 f., 53, 87, 89, 91, 95 f., 100 ff.*

Verschränkungsmaß – Größe, die den Grad der Verschränkung angibt. Sie ist 0 für separable und 1 für maximal verschränkte Zustände. *s. S. 100 f.*

Vertraulichkeitsverstärkung – Methode zur Verringerung der möglichen Information eines Spions; Alice und Bob müssen dazu ihren fehlerkorrigierten gemeinsamen Schlüssel mit einem systematischen Verfahren verkürzen. *s. S. 56*

Werner-Zustand – Gemisch aus einem Bell-Zustand und der Einheitsmatrix. Ist die Wahrscheinlichkeit für den Bell-Zustand größer als 1/3, so ist der Werner-Zustand verschränkt. *s. S. 104*

W-Zustand – Verschränkter Zustand aus drei Qubits, bei dem noch Verschränkung erhalten bleibt, wenn man ein Qubit verliert. *s. S. 101*

Zufallsschlüssel – Aus einer Zufallsfolge bestehender Geheimschlüssel für die sichere Kommunikation, wesentliches Element der Vernam-Chiffre. *s. S. 50 ff., 55*

Zweizustandssystem – Physikalisches Objekt, das sich in zwei verschiedenen Zuständen oder in Superpositionen von diesen befinden kann, z. B. Elektron mit Spin oder linear polarisiertes Photon oder Atom mit zwei Niveaus. *s. S. 16, 18, 32*

Literaturhinweise

ALLGEMEINVERSTÄNDLICHE LITERATUR

Spektrum der Wissenschaft – Digest: Quantenphänomene, Heidelberg 1999.

Spektrum der Wissenschaft – Dossier: Kryptographie, Heidelberg 4/2001.

Web-Spezial: Quanteninformation, Physikalische Blätter www.physik.uni-oldenburg.de/qubit/dokumente/web-spezial_quanteninformation.pdf

Brooks, M.: Quantum computing and communications, Heidelberg 1999.

Ingold, G.-L.: Quantentheorie. Grundlagen der modernen Physik, München 2002.

Kiefer, Claus: Quantentheorie, Frankfurt 2002.

Singh, Simon: Geheime Botschaften. München 2001.

FACHLITERATUR

Alber, G., Beth, T., Horodecki, M., Horodecki, P., Horodecki, R., Roetteler, M., Weinfurter, H., Werner, R. und A. Zeilinger: Quantum information. Heidelberg 2001.

Bell, J. S.: Speakable and unspeakable in quantum mechanics. Cambridge 1987.

Bouwmeester, D., Ekert, A. und Zeilinger, A.: The physics of quantum information. Heidelberg 2001.

Brandt, S. und Dahmen, H. D.: The picture book of quantum mechanics. New York 2001.

Feynman, R. P.: Feynman Lectures on Computation. Boston 1996.

Leuchs, G. and Beth, Th.: Quantum information processing. Wiley-VCH 2003.

Lo, H.-K., Popescu, S. und Spiller, T.: Introduction to quantum computation and information. Singapur 1998.

Macchiavello, C., Palma, M. und Zeilinger, A.: Quantum computation and quantum information theory. World Scientific 2001.

Nielsen, M. and Chuang, I.: Quantum computation and quantum information. Cambridge 2000.

Peres, A.: Quantum Theory – Concepts and Methods. Dordrecht 1995.

INTERNETADRESSEN

Viele der angegebenen Adressen enthalten weitere nützliche Links:

www.didaktik.physik.uni-essen.de/~backhaus/Quanten
Materialien zum DPG-Lehrerfortbildungskurs »Neues von den Quanten«, August 2002 (Bad Honnef)

www.physik.uni-oldenburg.de/qubit/index.htm
Projekt Qubit – Quanteninformation in der Schule

www.cip.physik.uni-muenchen.de/~milq
Münchener Internetprojekt zur Lehrerfortbildung Quantenmechanik

http://th-physik.uibk.ac.at/qo/
Zentrum für Quantenoptik und Quanteninformation der Universität Innsbruck

www.quantum.univie.ac.at/research/
Arbeitsgruppe von Anton Zeilinger (Universität Wien) zu den Grundlagen der Quantentheorie

www.qubit.org/
Zentrum für Quanteninformation an der Universität Cambridge

www.mpq.mpg.de/mpq/mpq.html
Max-Planck-Institut für Quantenoptik in Garching bei München

http://scotty.quantum.physik.uni-muenchen.de
Experimentelle Quantenphysik, Arbeitsgruppe von Harald Weinfurter (LMU München)

www.gapoptic.unige.ch
Group of Applied Physics, Arbeitsgruppe von Nicolas Gisin (Universität Genf)

www.research.ibm.com/quantuminfo
Quantum Information and Information Physics at IBM Research Yorktown (USA)

www.quiprocone.org
Quantum Information Processing & Communications, Network of Excellence (Europäisches Netzwerk, viele weitere Links)
www.a2.qipc.org
A2-Quanteninformationskonsortium, Netzwerk der Quanteninformationstheorie-Arbeitsgruppen in Norddeutschland
http://jari.iqo.uni-hannover.de
Theoretische Quantenoptik, Arbeitsgruppe von Maciej Lewenstein (Universität Hannover), Links zu Arbeiten der Autorin